水力发电

「十四五」时期国家重点出版物出版专项规划项目

中国水利水电科普视听读丛书

中国水利水电科学研究院　组编

张爽　主编

U0291374

中国水利水电出版社
www.waterpub.com.cn
·北京·

内 容 提 要

　　《中国水利水电科普视听读丛书》是一套全面覆盖水利水电专业、集视听读于一体的立体化科普图书，共14分册。本分册为《水力发电》，介绍了水力资源的特征和作用、水力与电力如何转换、水力发电如何走进千家万户等内容。全书包括五部分：河奔海聚——奔涌的能源、砥柱中流——水力的蓄势、水旋电掣——水电的生产、"电火"行空——水电的输送、不负山河——水力发电新技术及应用。

　　本丛书可供社会大众、水利水电从业人员及院校师生阅读参考。

图书在版编目（CIP）数据

　　水力发电 / 张爽主编；中国水利水电科学研究院组编. -- 北京：中国水利水电出版社，2022.9
　　（中国水利水电科普视听读丛书）
　　ISBN 978-7-5226-0663-7

　　Ⅰ. ①水… Ⅱ. ①张… ②中… Ⅲ. ①水力发电工程—中国—普及读物 Ⅳ. ①TV752-49

　　中国版本图书馆CIP数据核字(2022)第072273号

　　审图号：GS（2021）6133号

丛 书 名	中国水利水电科普视听读丛书
书 　 名	水力发电 SHUILI FADIAN
作 　 者	中国水利水电科学研究院 组编 张爽 主编
封面设计	杨舒蕙 许红
插画创作	杨舒蕙 许红
排版设计	朱正雯 许红
出版发行	中国水利水电出版社 （北京市海淀区玉渊潭南路1号D座 100038） 网址：www.waterpub.com.cn E-mail:sales@mwr.gov.cn 电话：（010）68545888（营销中心）
经 　 售	北京科水图书销售有限公司 电话：（010）68545874、63202643 全国各地新华书店和相关出版物销售网点
印 　 刷	天津画中画印刷有限公司
规 　 格	170mm×240mm 16开本 8.75印张 97千字
版 　 次	2022年9月第1版 2022年9月第1次印刷
印 　 数	0001—5000册
定 　 价	58.00元

《中国水利水电科普视听读丛书》

《水力发电》

编写组

主　　编	张　爽
副主编	尹　婧　张俊洁　李　玥
参　　编	彭期冬　靳甜甜　林俊强　张　迪
	庄江波　李倩雯　刘　瀚　李游坤
	朱博然　徐　意　蒋爱萍　罗佳艺
	张绍耕　顾艳玲　杨永森　贺丽媛

丛书策划　　李亮

书籍设计　　王勤熙

丛书工作组　李亮　李丽艳　王若明　芦博　李康　王勤熙　傅洁瑶
　　　　　　芦珊　马源廷　王学华

本册责编　　李亮　傅洁瑶

党中央对科学普及工作高度重视。习近平总书记指出："科技创新、科学普及是实现创新发展的两翼，要把科学普及放在与科技创新同等重要的位置。"《中华人民共和国国民经济和社会发展第十四个五年规划和2035年远景目标纲要》指出，要"实施知识产权强国战略，弘扬科学精神和工匠精神，广泛开展科学普及活动，形成热爱科学、崇尚创新的社会氛围，提高全民科学素质"，这对于在新的历史起点上推动我国科学普及事业的发展意义重大。

水是生命的源泉，是人类生活、生产活动和生态环境中不可或缺的宝贵资源。水利事业随着社会生产力的发展而不断发展，是人类社会文明进步和经济发展的重要支柱。水利科学普及工作有利于提升全民水科学素质，引导公众爱水、护水、节水，支持水利事业高质量发展。

《水利部、共青团中央、中国科协关于加强水利科普工作的指导意见》明确提出，到2025年，"认定50个水利科普基地""出版20套科普丛书、音像制品""打造10个具有社会影响力的水利科普活动品牌"，强调统筹加强科普作品开发与创作，对水利科普工作提出了具体要求和落实路径。

做好水利科学普及工作是新时期水利科研单位的重要职责，是每一位水利科技工作者的重要使命。按照新时期水利科学普及工作的要求，中国水利水电科学研究院充分发挥学科齐全、资源丰富、人才聚集的优势，紧密围绕国家水安全战略和社会公众科普需求，与中国水利水电出版社联合策划出版《中国水利水电科普视听读丛书》，并在传统科普图书的基础上融入视听元素，推动水科普立体化传播。

丛书共包括14本分册，涉及节约用水、水旱灾害防御、水资源保护、水生态修复、饮用水安全、水利水电工程、水利史与水文化等各个方面。希望通过丛书的出版，科学普及水利水电专业知识，宣传水政策和水制度，加强全社会对水利水电相关知识的理解，提升公众水科学认知水平与素养，为推进水利科学普及工作做出积极贡献。

丛书编委会
2021年12月

前言

时至今日，距人类首次利用水力发电已近一个半世纪。如再向前追溯，人类利用水力的历史则逾数千载。千百年来，澎湃的江河之力辅助人们载舟行船、推磨舂米、纺纱织布，也频频化身为洪水猛兽吞天噬地、肆虐横行，给人类带来重大灾难。近代工程和电力科技的进步令江河的发电功能得到开发，人们逐水兴利，在治理江河的同时有效地将江河中流淌的"洪荒之力"化为推动人类文明进步的动力。在人类与江河之力相生相抗的漫长历史中，利用水力发电似只是其中一瞬，然而正是这短短的一瞬，却深刻地改变了人类的生活。

滚滚的江河水奔涌而来，又化身为风驰电掣的电力叱咤而去，电力再以更快的速度照亮千家万户。水力发电参与驱动轨道交通、助力城市给排水、开动自动化生产线、帮助人们高速传递信息，电力快车给社会运转提速，世界开始变"小"，生产效率在成倍地提高。

在以不可再生的化石能源为发电主体的今天，环境污染事件和能源危机一再给人类敲响警钟，提醒我们应使用更为高效和更为清洁的方式获取电能。百年激荡，水力发电与时俱进，在持续不断为人类社会贡献电力的同时也凭借自身高效、清洁、控制精准的特性，优化能源结构，守护绿水青山，维护电网的安全稳定，助力人类可持续发展。

地球上的水力资源具有什么样的特征和作用？水力与电力是如何实现华丽变身的？水力发出的电如何走进千家万户？现阶段的新技术又是如何帮助缓解水力发电对环境和人类的不利影响，保障其发挥优质清洁能源的积极作用的？本书会为大家带来通俗易懂的答案。

鉴于作者搜集、掌握的资料和专业技术水平有限，加之时间仓促，不妥之处在所难免。在此，热切期望广大读者提出宝贵意见和建议。

编者

2022 年 6 月

目 录

第三章 水旋电掣——水电的生产

第四章 "电火"行空——水电的输送

◆ 第五章 不负山河——水力发电新技术及应用

第一章

河奔海聚——奔涌的能源

滚滚流淌的江河蕴藏着巨大的能量。江河水会冲刷堤岸，携带泥沙卵石；悬崖上飞奔直泻的瀑布，会把岩石冲成深潭。早在几千年前，人类就懂得并利用水流作为动力，推动水车汲水灌田或冲动水轮，带动石碓、石碾、石磨来舂米、磨米、磨面。随着电力工业技术的发展，发电机和输电技术的出现，水力可以转变成电力，实现远距离输送，加快了水力资源的开发利用。

水电是目前最值得利用的常规能源。中国国土辽阔，江河众多，蕴藏着丰富的水力资源。中国的水利工程利用了大量的新技术、新材料，具有明显的后发优势，已逐步成为世界水力发电创新的中心。奔涌的水力资源，将乘坐水力发电的快车，在人类历史的新阶段承担起更为重要的使命。

◎ 第一节　借水之力的人类文明

一、什么是水力资源

水运动时产生动能和重力能。在一定的技术条件下，水中蕴藏的能量才能被人类利用，成为水力资源。水力发电所利用的水力资源主要指河流的水力资源，也包括海水运动所产生的潮汐能、波浪能、海流能等有关的能量资源。

二、早期的水力资源利用

水力资源是人们最早利用的自然资源之一。早期主要是直接利用水的动能载舟行船，或者将水能转化为机械能，应用于生产当中，如水碓、水排、水磨、水纺机等，都运用到了水能。但当时对水力资源的利用规模有限，效率也低。直到近现代电机、高压输电技术和水力发电技术出现之后，水力资源才被大规模地开发利用。

知识拓展

中国古代几个与水力资源利用有关的发明

大禹治水的故事，是人类与来势汹汹的水流斗智斗勇的最早记载。而水力的利用则是从舟船的发明开始。舟船不仅利用了水的浮力，也利用了水流流动所产生的推力，故有"顺水推舟"之说。当然，这种利用方式是非常原始的。大约2500年前，战国时期都江堰的建造，是人类利用水力的一个里程碑。它采用修堰开渠来导引水流，让原本桀骜不驯、灾害频发的岷江得到了治理，不仅方便了行船，又便利了灌溉，使当地成为"水旱从人，不知饥馑"旱涝保收的"天府之国"。

▲ 四川都江堰鱼嘴

大约在公元前100年的西汉时期，出现了一种用水力驱动作舂的原始机械——水碓，借以去除谷壳和麦壳。这应该是最早直接利用水力的机械。到魏晋时期，这种水碓已广为应用。

◀ 水碓

东汉建武七年（公元31年），南阳太守杜诗制作了另一种水利机械——水排。它利用水流的冲力来带动齿轮运转，并通过连杆带动鼓风机向炼铁炉鼓风。东汉时期，著名的科学家张衡在制作用于观察天象的浑天仪时，为了使浑天仪能够按照时刻自己转动，设计了一组滴漏壶。滴漏壶是古代通过测量感知时间的仪器，它用一个特制的盛水的器皿，下面开个小孔，水一滴一滴地流到有时刻记号的壶

◀ 浑天仪

里，人们只要看到壶里水的深浅，就可以知道是什么时刻了。张衡运用这个原理，设计了一组滴漏壶，使两个壶和浑天仪配合起来，利用壶中滴出来的水的力量来推动齿轮，齿轮再带动浑天仪运转，通过恰当地选择齿轮个数，巧妙地使浑天仪一昼夜转动一周，把天象变化形象地演示出来，使人们可以从浑天仪上观察到日月星辰运行的现象。在这之后又有水磨、水碾、水纺车等的发明。这些都说明，中国比欧洲至少提前100年就开始应用水力了。

这些早期的水力机械仅利用了拥有庞大能量的水力资源的九牛一毛。对水力的大规模利用，则是在近代有了电力的发明之后。

◎ 第二节 得"水"独厚的华夏神州

一、全球的河流水力资源

在地球的陆地上，遍布着成千上万条大大小小的河流。就流量而论，全世界河口年平均流量在10000米^3/秒以上的江河共有17条，1000米^3/秒以上的江河共有50条，其中亚洲19条、欧洲10条、北美洲10条、南美洲7条、非洲4条。这些河流大多蕴藏着丰富的水力资源。

根据《国际水力发电与坝工建设》2017年发布的《世界地图和行业指南》的调查统计，全球水力资源理论蕴藏总量为41.92万亿千瓦时/年，技术可开发量为 15.79 万亿千瓦时 / 年，经济可开发量约为 9.63 万亿千瓦时 / 年。

1. 水力资源在世界各大洲的分布情况

分类及地区	理论蕴藏量 /（万亿千瓦时/年）	技术可开发量 /（万亿千瓦时/年）	经济可开发量 /（万亿千瓦时/年）	已开发量 /（万亿千瓦时/年）
亚洲	18.25	8.00	4.79	1.93
南美洲	7.85	2.86	1.73	0.67
北美洲、中美洲	7.60	1.89	1.05	0.70
非洲	4.42	1.65	1.12	0.12
欧洲	3.14	1.20	0.85	0.58
大洋洲	0.66	0.19	0.09	0.04
世界总计	41.92	15.79	9.63	4.04

▲ 世界各大洲水力资源分布情况

（1）亚洲。亚洲水力资源的蕴藏量居世界各大洲之首，主要集中在中部的山区和高原地带，东亚的中国、北亚的中西伯利亚高原、中亚的帕米尔高原、南亚的印度以及东南亚的缅甸等国和地区水力资源蕴藏量尤其丰富。这一分布特点的形成，主要同该地区的地形和降水情况有关。

（2）欧洲。欧洲水力资源总量虽然在各大洲中排行倒数第二，但按单位面积上拥有的水力资源计算，欧洲却是世界上水力资源密度较高的大洲。在地形和降水等因素的影响下，欧洲水力资源主要分布在南、北部分山区国家。

（3）非洲。非洲位于东半球的西南部，其水力资源主要分布在热带多雨地区。

（4）美洲。北美洲水力资源主要集中分布在东、西部山区和高原地带。北美洲是世界上大河较多的洲，仅河口年平均流量超过1000米³/秒的就有10条，其中 10000 米³/秒以上的有 2 条。拉丁美洲（指中美洲和南美洲）的水力资源也和非洲一样，主要分布在热带多雨地区。

（5）大洋洲。大洋洲的水力资源较少，其中约 3/5 分布在巴布亚新几内亚。其次是新西兰，约占大洋洲水力资源的 1/4 以上。不论按水力资源的绝对拥有量，还是按单位面积的平均占有量，在各大洲中，大洋洲均居最后一位。

2. 水力资源在世界各国的分布情况

根据联合国的统计，在世界上有数据信息的 158 个国家和地区中，水力资源理论蕴藏量位居前 10 位的国家分别为中国、巴西、印度、俄罗斯、印度尼西亚、加拿大、美国、秘鲁、刚果民主共和国、哥伦比亚。这 10 个国家的水力资源理论蕴藏总量为 24.28 万亿千瓦时 / 年，占世界水力资源理论蕴藏统计量的 59.64%。中国是世界水力资源理论蕴藏量最高的国家。

排名	1	2	3	4	5	6	7	8	9	10
国家	中国	巴西	印度	俄罗斯	印度尼西亚	加拿大	美国	秘鲁	刚果民主共和国	哥伦比亚
水力资源理论蕴藏量/（亿千瓦时/年）	60830	30400	26380	22950	21470	20670	20400	15770	13970	10000

▲ 水力资源理论蕴藏量排名前 10 位的国家

二、中国的河流水力资源

中国国土辽阔，江河众多，蕴藏着丰富的水力资源。但气候条件造成了中国的水系分布很不均匀。东南部的季风气候带来丰沛的降水，形成许多庞大水系，而西北地区和青藏高原西北部的内流区，则降水稀少、蒸发旺盛、气候干旱，缺乏统一的大水系。因此，中国绝大多数的河流都分布在东南部的外流区，内流区河流少且小。

▲ 中国江河流域分布图

知识拓展

水系是什么？

流域内所有河流、湖泊等各种水体组成的水网系统，称作水系。其中，水流最终流入海洋的称为外流水系，水流最终流入内陆湖泊或消失于荒漠之中的，称为内流水系。

中国外流水系的干流,按其发源地的地形可以分为三个梯级。发源于第一个梯级的河流都是源远流长的巨大江河,向东流的有长江、黄河,向南流的有澜沧江、怒江、雅鲁藏布江等,这些不仅是中国也是世界著名的河流。发源于第二个梯级的河流主要有额尔古纳河、嫩江、辽河、滦河、海河、淮河、西江等,长度和水量都次于源自第一个梯级的河流。发源于第三个梯级的河流主要有鸭绿江、图们江、沂沭河、钱塘江、瓯江、闽江、九龙江、韩江、东江和北江等,由于其发源地已临近海洋,所以这些河流的长度和流域面积都远较上述两个梯级的河流小,但由于位于中国降水量丰沛的地带,河流的流量都较为丰富,且各河流的上游和中游都在山地,水力资源也很丰富。

中国内流水系大都发育在封闭的盆地内,由于水量小,多数是季节性的间歇性河流。位于新疆的塔里木河,是中国最大的内流河。

水系名称	水力资源理论蕴藏量/亿千瓦	可开发量/亿千瓦	年发电量/亿千瓦时	年度电量占比/%
长江	2.68	1.97	10275	53.4
黄河	0.41	0.28	1169.9	6.1
珠江	0.33	0.25	1124.8	5.8
海河滦河	0.029	0.021	51.68	0.3
淮河	0.014	0.006	18.94	0.1
东北诸河	0.15	0.14	439.42	2.3
东南沿海诸河	0.21	0.14	547.41	2.9
西南沿海诸河	0.97	0.38	2098.7	10.9
西藏诸河	1.6	0.5	2968.6	15.4
北方内陆河	0.35	1	538.66	2.8
全国	6.76	3.785	19233	100

▲ 中国河流水系水力资源分布情况

在 20 世纪，中国曾先后进行过 5 次水力资源调查（包括新中国成立前进行了 2 次），其中最详细的一次是在 1977—1980 年，由原水利电力部组织的全国大勘查，共调查了水能在 1 万千瓦以上的大小河流 3019 条，估算全国水力资源理论蕴藏量为 6.76 亿千瓦，相应年可发电量为 6.02 万亿千瓦时，约占世界总河流水能的 1/6，位居世界第一。其中，技术可开发量约为 5.45 亿千瓦。

中国水力资源技术可开发量最丰富的 3 个省（自治区）分别是四川、西藏和云南。它们的技术可开发量按常规装机容量（以下简称"装机容量"，指的是全部电机的发电能力）计算分别为 12004 万千瓦、11000.4 万千瓦和 10193.9 万千瓦，分别占全国技术可开发量的 22%、20% 和 19%。以江河而论，中国江河水力资源技术可开发量前三名为：长江流域 25627.3 万千瓦，雅鲁藏布江流域 6785 万千瓦、黄河流域 3734.3 万千瓦，分别占全国技术可开发量的 47%、13% 和 7%。

江河名称	流域面积 / 千米^2	年径流量 / 亿米^3	河流长度 / 千米	河流总落差 / 米
长江	18018500	9282	6300	5400
黄河	752443	560	5464	4830
珠江	442585	3466	2216	2136
雅砻江	128444	571	1572	3872
怒江	134882	657	2013	4840
雅鲁藏布江	240480	1395	2057	5435
澜沧江	164766	693	2153	4583
乌江	88354	527	1037	2142
沅江	89163	670	1033	1462
湘江	96400	706	856	756

续表

江河名称	流域面积 / 千米²	年径流量 / 亿米³	河流长度 / 千米	河流总落差 / 米
闽江	60992	621	581	730
赣江	80948	660	744	937
汉江	168851	574	1532	1964
嘉陵江	159638	694	1119	2300
黑龙江	888502	1181	3101	992

▲ 中国江河的水力资源

　　丰富的水力资源，为中国发展水电事业奠定了优良的基础。若以 4 亿千瓦来计算，则年可发电量约为 1.7 亿千瓦时；若按使用 100 年计算，即相当于 600 亿吨标准煤，占全国常规能源消费资源量的 40%。经过多年发展，中国的水电建设业已取得了很大的成就。截至 2021 年年底，中国水力发电装机容量累计约达 3.91 亿千瓦（其中抽水蓄能 0.36 亿千瓦），占全部电力总装机容量的 16.4%，提供了全国约 15% 的电力需求。其中，利用小股水流建设的小水电站，解决了农村无电少电人口的用电问题，特别是对解决农村偏远地区的用电困难发挥了重要作用。

　　截至 2018 年年底，中国已建成 4.65 万座小水电站。这使一些生态环境脆弱的山区和荒漠地区能够以电代柴，减少了对植被的砍伐，治理了环境，保护了生态，促进了农村地区经济和社会的发展。大型水电站的建设，则有效提高了河流的防洪能力，使居住在河流两岸的人们免受洪水的祸害，改善了农业灌溉、工业生产和城市生活用水以及航运发展条件。其成功的典范，如新安江、葛洲坝、二滩、小浪底、三峡等大型水电站的建设，均为地方经济的发展注入了活力，有力地带动了当地旅游、环境保护等各项事业的发展，充分体现了经济效益和社

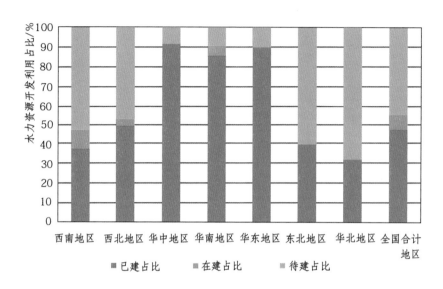

▲ 中国分区水力资源开发利用程度

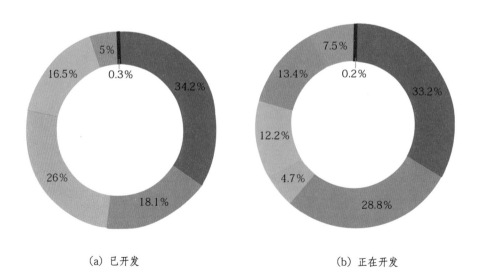

(a) 已开发　　　　　　　　　　　　(b) 正在开发

▲ 中国已开发 / 正在开发水力资源在区域电网中的布局

会效益的统一。

　　虽然中国的江河中蕴含着极其丰富的水力资源，但就开发利用而言，仍存在着三方面的不足。

　　一是水力资源总量虽然十分丰富，但人均水力资源量仅相当于世界人均水力资源量的一半左右。

　　二是水力资源分布不均衡，与经济发展的现状极不匹配（西南占 68%、中南占 15%、西北占 10%、华东占 4%、东北占 2%、华北仅占 1%）。

　　三是江河来水量在冬季和夏季均有较大的变化。由于中国是世界上季风气候最显著的国家之一，冬季受到来自北部西伯利亚和蒙古高原的干旱气流控制，干旱少水，夏季受到来自东南部太平洋和印度洋的暖湿气流控制，高温多雨。因此，降水时间和降水量在年内高度集中，以致许多河流的年径流量的最大值与最小值常有几倍的差值，如长江、珠江、松花江为 2 ~ 3 倍，淮河达 15 倍，海河高达 20 倍。年径流量的这种变化对保障水电站的正常运转十分不利，需要建设相应的水库来调节。

　　因此，在开发利用时要综合考虑水力资源的优劣条件，进行必要的调节，使其平衡。

地区	水力资源蕴藏量 / 亿千瓦	可开发量 / 亿千瓦	年发电量 / 亿千瓦时	所占比例 /%
华北	0.123	0.069	232.25	1.2
东北	0.121	0.120	383.91	2.0
华东	0.300	0.180	687.94	3.6
中南	0.641	0.674	2973.65	15.5
西南	4.733	2.323	13050.36	67.8
西北	0.842	0.419	1904.93	9.9
全国	6.760	3.785	19233.04	100

▲ 中国各地区水力资源分布

知识拓展

如何度量水力资源的大小？

　　构成水力资源最基本的条件是水流量和水头落差（水从高处降落到低处时的水位差），流量大、落差大，所蕴藏的能量就大。水力资源的大小一般用功率来度量，单位为千瓦（kW）或马力（hp）。家用电器的耗电量是以千瓦时来计算的。1千瓦时就是功率为1千瓦的机器工作1小时所消耗的电能。马力的原意是指马的力量，1马力 ≈ 0.7355千瓦。

　　评价一个地区水力资源的状况，一般有两个指标。一个是水力资源的绝对拥有量，它是衡量一个地区或国家经济发展潜力的基本标志。水力资源绝对拥有量大，意味着该地区经济潜力和物质基础非常可观。另一个是单位面积或人均水力资源占有量，这是具有参考价值的相对指标。

　　从自然界壮观的瀑布景观中可以直接看到水力的巨大威力。中国境内最大的瀑布是位于贵州省镇宁布依族苗族自治县白水河上的黄果树瀑布。

▲ 贵州黄果树瀑布

黄果树瀑布高77米，宽101米，是我国最大的瀑布，瀑布倾泻于超过10米深的犀牛潭中，奔腾浩荡，吼声震天。瀑布激起的水珠飞溅100多米高，云漫雾绕，洒落在黄果树街市上，即使是晴天，也要撑伞而行，故有"银雨洒金街"的说法。

世界上水头落差最大的瀑布是委内瑞拉的安赫尔瀑布。它位于南美洲委内瑞拉玻利瓦尔州圭亚那高原的丘伦河上。丘伦河从平顶高原奥扬特普伊山直泻而下，宽150米，总落差979米。瀑布分为两级，最长一级瀑布高807米，相当于13个黄果树瀑布，350层楼高，比2个上海东方明珠塔还高。仰望瀑布，仿佛从天而降，故又享有"天堂瀑布"之称。

◎ 第三节 占水之优的电力之源

一、"永不衰竭"的优质能源

1. 能源的分类

能源是能够提供能量的资源。人类生存和生活的改善，工业、农业、科学技术、国防的发展都离不开能源。自然界能源的存在形式多种多样，按照能源的基本形态，可分为一次能源和二次能源。一次能源是在自然界天然存在的能源，如煤炭、石油、天然气、柴草、地热能、风能、水能、太阳能等；二次能源是需要经过加工转换之后才能得到的能源，如电力、蒸汽、煤气、焦炭、酒精，以及诸如汽油、柴油、重油等各种石油制品。

一次能源可进一步划分为可再生能源和不可再生能源。可再生能源是在自然界不需要人为干涉便可以循环再生的能源，如太阳能、水能、风能、地热能、重力能、海洋能和生物质能等。不可再生能源是指在自然界中要经过亿万年才能形成，一旦大规模开采，在短时期内无法恢复的能源，如煤炭、石油、天然气等化学燃料，以及铀、钍等核燃料。

按照应用的广泛程度，能源可分为常规能源和新能源两大类。常规能源是已经大规模生产和广泛使用的能源，如煤炭、石油、天然气、水能和核能等；新能源是指正在积极研究或刚开始开发利用，还有待推广的能源，如太阳能、地热能、风能、海洋能、氢能和重力能等。

此外，根据能源消耗后是否对环境造成污染，可分为清洁能源（又称绿色能源）和非清洁能源。

根据上述的分类标准，在众多能源中，水力资源显然具有十分优越的条件：它既是一次能源，又可以通过水力发电方便地转换为二次能源——电力；作为常规能源，在被人类开发利用的同时，又是清洁再生能源。由于水力资源在众多能源中同时具备了以上四个特点，故被称为"永不衰竭"的优质能源。

一次能源

可再生能源

不可再生能源

转换　转换

二次能源

▲ 能源分类示意图

2. 水力与水电

从电力工业角度来说，由于电不能大规模存储，所以电力供需需要保持实时的动态平衡，只能通过调节发电厂的发电量来维持系统的稳定。水力发电是目前调节性最好的电源之一，特别是具有一定库容的大中型水电。正常情况下，水力发电机组最快几分钟就能完成启动，基本只须打开闸门就可以立刻发电。而普通的火力发电机组，则必须让煤充分燃烧，产生足

够水蒸气后，才可以开始发电。它们的启动往往需
要十几小时乃至几十小时才能完成，根本不能适应
电网调频的需要。调节性能好、机组启动快的优势
使得水力发电通常在电网中发挥调频、调峰、调相、
事故备用等重要作用。因此，水电作为技术最成熟、
供应最稳定的可再生清洁能源，长期在全球能源供
应中占据重要地位。

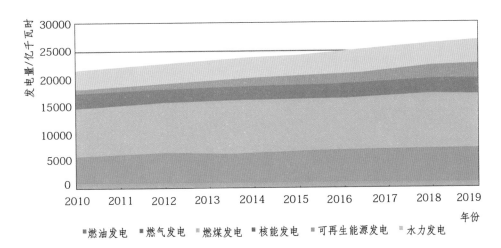

▲ 2010—2019 年全球电力
生产结构

相对于火力发电等高耗能的发电方式，水力
发电不耗费燃料，不产生任何废气和地表污染，
更为清洁。相对于只能在白天运行的光伏发电和
必须在一定风力强度下运行的风力发电方式，水
电可以做到全天候发电，利用时间更长。除此之
外，和其他发电方式相比，水电还具有明显的价
格优势。除了第一次建水电站需要较多投资之外，
水电站后续营运成本非常低，且是所有类型电站
中运行寿命最长的。

除此之外，水力发电与其他能源发电天然互补，
非常适合搭配使用。比如水力发电的调节能力与季
节相关，夏季是用电高峰，水能和太阳能都充足，

便于互补调节；冬季水电出力下降，但风电相对比较稳定充足，发展"水－光（风）互补"发电模式，能灵活适应新能源的出力变化，这已成为目前大规模发展新能源的一个方向。再比如"抽蓄－光（风）互补"发电模式，利用抽水蓄能水电站的储能作用，效果较佳。

知识拓展

水力发电可能对生态环境带来的影响

河流是地球生态链的重要组成部分，其功能繁多，水力发电仅为其中之一。一方面，水力发电给人类带来了巨大的便利；另一方面，也可能对河流生态造成一定的影响。

兴建大坝带来的一个直接问题是泥沙淤积。一般来说，河道上游比降大，水流湍急，以下切作用为主；河道中游比降小，流速缓，水量增多，以侧蚀为主；河道下游开阔，水量大而流速小，从上游搬运来的泥沙冲积物一部分在这里沉积下来，另一部分进入河口。如埃及的阿斯旺水坝建成后，尼罗河来沙减少，水流趋缓，河口海滨两岸逐年内坍，尼罗河的航运和渔业资源遭受重创。再如加纳的阿科松博水坝于 1964 年建成，随着库区水位的抬升，将周围大片肥沃农田淹入水中，库水营养过剩，库区生态恶化。

修建水电站还有一个令人意想不到的问题，就是对环境的污染。以 1987 年建成的巴尔比纳水电站为例。巴尔比纳水库的坝高仅 50 米，但却淹没了 3100

▲ 埃及阿斯旺水坝鸟瞰

千米^{2}的库区。而该水库有 1/3 的地方水深不到 4 米，由于水库建造时没有清除库区的树木和灌木丛，有约 1 亿吨以上的草本植物被淹没。因此，到处可以看到露出水面的垂死的树木和浸泡的腐烂物质。近年来，巴西国家亚马孙河研究所的生态学家发现，在巴尔比纳水库区有大量的二氧化碳和甲烷释放到大气中。研究证明，二氧化碳是由水深 1 米左右的水体内腐烂的植物产生的，这一深度的氧气相对比较充足，而在缺氧的深水中，腐烂的植物则产生甲烷。

二、中国水力发电的现状与前景

1. 水力发电在中国

截至 2021 年年底，中国水电装机容量和年发电量已突破 3.9 万亿千瓦和 1.3 万亿千瓦时，分别占全国电力总装机容量和全国发电总量的 16.4% 和 16.5%。中国水电开发程度为 39%（按发电量计算），与发达国家相比仍有较大差距。

按照中国水电"三步走"发展战略：2020 年，装机容量达 3.5 亿千瓦，年发电量 13220 亿千瓦时。其中东部地区（京津冀、山东、上海、江苏、浙江、广东等）装机容量达到 3520 万千瓦，约占全国的 10%，水力资源基本开发完毕；中部地区（安徽、江西、湖南、湖北等）装机容量达到 6150 万千瓦，约占全国的 17.5%，开发程度达到 90% 以上，水力资源转向深度开发；西部地区装机容量为 2.54 亿千瓦，约占全国的 72.5%，其开发程度达到 54%，其中广西、重庆、贵州等省（自治区、直辖市）水力资源开发基本完毕，四川、云南、青海、西藏等省（自治区）还有较大开发潜力。到 2030 年，全国装机容量将达 4.3 亿千瓦，年发电量 18530 亿千瓦时。其中东部地区装机容量 3550 万千瓦，约占全国的 8%；中部地区装机容量 6800 万千瓦，约占全国的 16%；西部地区装机容量为 3.26 亿千瓦，约占全国的 76%，其开发程度达到 69%，四川、云南、青海省的水电开发基本结束，西藏自治区的水电还有较大开发潜力。到 2050 年，中国常规水电装机容量将达 5.1 亿千瓦，年发电量 14050 亿千瓦时。其中东部地区装机容量 3550 万千瓦，约占全国的 7%；中部地区装机容量 7000 万千瓦，约占全国的 14%；西部地区装机容量为 4.06 亿千瓦，约占全国的 79%，其开发程度达 86%，新增水电主要集中在西藏自治区，西藏自治区的东部、南部地区河流干流水力开发基本完毕。

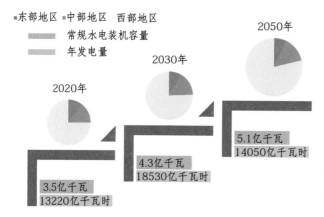

▲ 中国水电"三步走"发展战略

随着清洁低碳、安全高效的能源体系的建成，以清洁能源为主导的能源生产，以电为中心的能源消费，和以大电网互联的能源配置，对中国的水电发展提出了新的更高要求，主要表现在以下几方面：

（1）水力资源在中国的能源结构中始终占有十分重要的战略地位。水力资源是中国仅次于煤炭的第二大常规能源资源。按照原煤、水力、原油和天然气四种常规能源剩余可采储量在中国常规能源剩余可采总储量中的占比（其中水力资源技术可开发量按 100 年计算），原煤大约占据 61%，水力资源大约占据 35%，原油和天然气各占 1.5% 左右。毫无疑问，水力发电将长期在能源转型发展和高质量发展中发挥"基石"作用，做出更大贡献。

（2）水电在中国实现非化石能源发展目标中继续起到举足轻重的作用。化石能源的大规模开发利用，会带来资源短缺、气候变化、环境污染、效率低等严重问题，日益成为制约中国乃至全球经济、社会、环境可持续发展的重大瓶颈。在国家2030年"碳达峰"、2060年"碳中和"的目标指引下，中国正处在能源清洁低碳绿色转型的关键窗口期，为避免煤电先建后拆、投资浪费问题严重化，亟须严控煤电总量，大力发展水电等清洁能源。按照中国政府提出的规划，预计到2025年，中国常规水电装机容量将达到3.9亿千瓦，"十四五"将新增约5637万千瓦[1]；2030年非化石能源占一次能源消费比重25%的目标，水电的比重须达到14%以上[2]。到2050年90%以上的电量将由水电、太阳能发电、风电、核电等清洁能源共同承担。

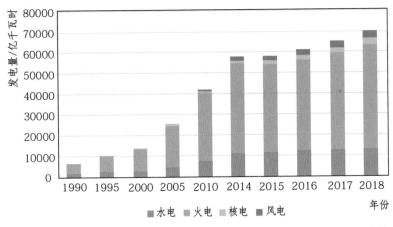

▲ 1990—2018年中国电力生产结构

---

[1] 全球能源互联网发展合作组织.中国"十四五"电力发展规划研究.2020年6月。
[2] 按照《国家能源局综合司关于征求2021年可再生能源电力消纳责任权重和2022—2030年预期目标建议的函》预测比例计算。

知识拓展

"碳达峰"和"碳中和"

"碳达峰"是指中国承诺2030年前，二氧化碳的排放不再增长，达到峰值后逐渐降低。"碳中和"是指国家、企业、产品、活动或个人测算在一定时间内直接或间接产生的二氧化碳或温室气体排放总量，通过植树造林、节能减排等形式，以抵消自身产生的二氧化碳或温室气体排放量，实现正负抵消，达到相对"零排放"。

为什么要提出"碳中和"？

气候变化主要是由人类燃烧煤炭、石油为主的化石能源产生的二氧化碳、甲烷等温室气体造成的。中国升温幅度高于全球平均水平，由气候变化造成的直接经济损失是全球平均水平的7倍多。"碳中和"的目的是减缓气候变化。

关于低碳，我们能做什么？

我们生活中的燃料、燃气、电等大部分都来自燃煤电厂。实现"碳中和"，需要经济社会全面转向绿色低碳。减少开车、多步行或骑自行车，使用节水型淋浴喷头，下班随手关闭电脑，节约粮食等都是为减少排放做贡献。

（3）发展水电是中国节能减排、保护生态的有效途径。随着生态文明建设加快推进，大幅削减各种污染物排放，有效防治水、土、大气污染，显著改善生态环境质量，要求能源与绿色和谐发展。开发水电可以减少温室气体和各种污染物的排放，对生态文明建设作用巨大。按照最新的统计结果，中国水力资源技术可开发装机容量约 6.87 亿千瓦，年发电量约 3 万亿千瓦时计算，相当于每年替代 10.8 亿吨标准煤，减排 30 亿吨二氧化碳，为国家提供清洁和绿色的能源保障。

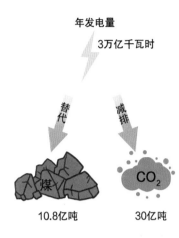

年发电量
3万亿千瓦时

替代

减排

煤
10.8亿吨

CO_2
30亿吨

▲ 中国水力资源技术为国家提供清洁和绿色的能源保障

（4）发展水电是提高中国能源安全的重要保障。未来几十年，中国将继续深入推进水电"西电东送"战略，重点推进长江上游、金沙江、雅砻江、大渡河、澜沧江、黄河上游、南盘江、红水河、怒江、雅鲁藏布江等大型水电基地建设，通过加强北部、中部、南部输电通道建设，不断扩大水电"西电东送"规模，完善"西电东送"格局，强化通道互连，实现资源更大范围的优化配置。北部通道主要依托黄河上游水电，将西北电力输往华北地区；中部通道主要将长江上游、金沙江下游、雅砻江、大渡河等水电基地的电力送往华东和华中地区；南部通道主要将金沙江中游、澜沧江、红水河、乌江和怒江等水电基地的电力送往两广地区。同时，根据南北区域能源资源分布特点和电力负荷特性，跨流域互济通道建设取得重大进展。2020年水电"西电东送"规模达到 11792 万千瓦。"西电东送"将使供电区的能源潜力得到更充分的开发，增强了整个国家电力资源自给自足的能力，相应地减少了对国外一次能源的依赖，能源资源得到优化配置，提高了国家的能源安全。

2. 世界水电看中国

中国的水力发电行业凭借丰富的资源储量、优越的开发条件和突出的竞争优势在世界能源发展史上占据了极其重要的地位。特别是进入 21 世纪后，中国电力体制改革推动水电开发市场主体多元化，调动了全社会参与水电开发建设的积极性，水电进入加速发展时期，已经创造了多项世界之最和多项技术领先，逐渐成为世界水电创新的中心。

（1）开发规模世界之最。2004年、2010年、2014年中国水电装机容量相继突破1亿千瓦、2亿千瓦、3亿千瓦，水电建设实现跨越式发展，装机容量和发电量均稳居世界第一。

（2）技术水平国际领先。依托以三峡工程为代表的一批国家重大水电工程建设，中国水电工程在筑坝技术、电站技术、通航技术等关键技术上取得了许多重大突破，实现了水电站设计、施工、建设以及设备制造和安装技术的全面领先，当前很多世界级的水电工程难题，只有中国有能力、有经验解决。比如在筑坝技术方面，大坝工程、水工建筑物抗震防震、复杂基础处理、高边坡治理、地下工程施工等关键技术达到国际领先水平；混凝土浇筑强度、防渗墙施工深度等多项指标创世界之最。

（3）装备制造全球领跑。在大型机组制造安装技术方面，常规水电机组和抽水蓄能机组设计制造能力、金属结构设备制造技术、高压输电技术等均处于世界领先水平，率先进入百万千瓦机组研发应用的无人区，世界上的巨型机组绝大多数都安装在中国。

（4）水电名片享誉环球。在技术绝对领先的基础上，中国水电企业还积极促进国际合作，已经成功占领了水电工程国际承包、国际投资和国际贸易三大业务制高点，具备了先进的水电开发、运营管理能力和金融服务及资本运作能力，以及设计、施工、重大装备制造在内的完整产业链整合能力。中国水电企业与100多个国家和地区建立了水电开发多形式的合作关系，承接了60多个国家的电力

▲ 世界水电看中国

和河流规划，业务覆盖全球 140 多个国家，拥有海外权益装机容量超过 1000 万千瓦，在建项目合同总金额 1500 多亿美元，国际项目签约额十分可观，累计带动数万亿美元的国产装备和材料出口。在国际水利水电建设的市场上，中国已经占有绝对的优势。水电承包商遍布世界各地，中国企业目前至少在 80 多个国家承担了 300 多个海外水电和大坝建设项目，有力促进了当地经济发展和人民生活水平的提升，赢得了所在国的高度认可和赞誉。中国的先进水电技术正在为全球的水利水电开发和节能减排做贡献。

知识拓展

中国水电站的世界之最

世界上最大的水电站 —— 三峡水电站

　　三峡水电站位于长江上游段，是迄今为止世界上规模最大的水电站，也是中国有史以来建设的最大型的工程项目。水电站于 1994 年正式动工兴建，2003 年 6 月 1 日下午开始蓄水发电，2009 年全部完工，装机容量 2250 万千瓦。

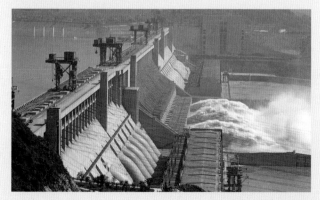

▲ 三峡水电站

世界上地下洞室群规模最大最复杂的水电站
—— 溪洛渡水电站

溪洛渡水电站位于四川省和云南省交界的金沙江上，是中国的又一世界级巨型水电站，工程于2003年8月动工，主体工程于2005年正式开工建设，水电站总装机容量1386万千瓦，年平均发电量571.2亿千瓦时。溪洛渡水电站地下厂房分为三大洞室群，即主厂房、主变压室、尾水调压室，其间布置有3条导流洞、9条引水洞、3条尾水洞、2条出线竖井及多条灌浆洞与排水洞等，组成了当今世界上规模最大、最复杂的地下洞室群。

▲ 溪洛渡水电站

世界上最大规模水工隧洞群
—— 锦屏水电站

锦屏水电站位于四川省凉山州盐源县与木里县交界处。水电站包括一级和二级水电站，2014年7月12日一级水电站投产、2014年11月29日二级水电站投产。水电站总装机容量840万千瓦，以发电为主，兼具蓄能、蓄洪和拦沙作用，是川电东送的主要电源点之一。水电站大坝为双曲薄拱坝，设计坝高305米，其施工难度为世界施工界罕见。锦屏二级水电站将150千米锦屏大河湾截弯取直、引水发电，4条引水隧洞平均长约16.67千米，开挖洞径12.4米，为世界最大规模水工隧洞群。

▲ 锦屏水电站

世界上最大水光互补水电站
——龙羊峡水电站

龙羊峡水电站为黄河上游的"龙头"水电站，位于青海省共和县与贵德县之间的黄河干流上，人称"万里黄河第一坝"。水电站总装机容量128万千瓦，始建于1976年，1989年6月全部建成发电。龙羊峡水电站水库容积247亿米^3。龙羊峡丰富的太阳能资源和水电站库容优势，使水轮机发电和光伏发电站可以进行联合控制，2013年12月6日，龙羊峡以32万千瓦的光伏发电装机容量问鼎世界最大的"水—光互补"项目。

▲ 龙羊峡水电站

世界上最大的抽水蓄能水电站
—— 丰宁抽水蓄能水电站

丰宁抽水蓄能水电站位于河北省丰宁满族自治县境内，有上、下两个水库，落差425米。在用电低谷时通过电力将水从下水库抽至上水库，相当于储存电能，在用电高峰期再放水至下水库发电。丰宁抽水蓄能水电站总装机容量360万千瓦，被誉为世界最大的"超级充电宝"。丰宁抽水蓄能水电站也是2022年北京冬奥会绿色能源配套服务的重点项目，为各类奥运赛事提供了充足的电力保障。

▲ 丰宁抽水蓄能水电站

世界上海拔最高的抽水蓄能水电站
—— 羊卓雍湖水电站

羊卓雍湖水电站是世界上海拔最高，也是中国水头最高的抽水蓄能水电站。水电站利用羊卓雍湖与雅鲁藏布江之间超过840米的天然落差，取羊卓雍湖的湖水，通过引水隧洞和压力钢管，引水至雅鲁藏布江江边。

▲ 羊卓雍湖水电站

第二章

砥柱中流——水力的蓄势

一座座水电工程，像是屹立在急流中的中流砥柱，将涌动的水流拦蓄起来，通过调节流量，集中落差，将水力转化为电力。一些水电工程除建有发电所必需的建筑物外，还有为防洪、灌溉、航运等综合利用目的服务的其他建筑物，从而使水资源得到充分利用。

◎ 第一节 养威蓄锐之挡水建筑物

挡水建筑物一般指坝、闸，它能够拦截水流，形成水库。在滚滚的江河中，大坝破浪而建，拦蓄激流，壅高水位，形成水头，汇集、调节天然水流的流量，将集中的水能转换为电能。

坝是水电工程的主要建筑物。坝的类型繁多，可以从不同的角度进行分类。水力发电工程中应用较为广泛的三种坝型为重力坝、拱坝和土石坝。

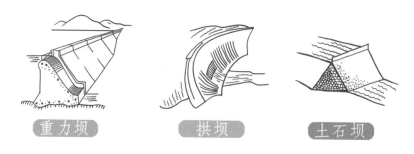

重力坝　　　拱坝　　　土石坝

▲ 坝的分类示意图

一、重力坝

重力坝是由混凝土（又称"砼"，读音为 tóng）或浆砌石修筑的大体积挡水建筑物，其基本剖面是直角三角形。重力坝像一个大水泥墩子放在坚硬的岩石上，靠自身重力与岩石的巨大摩擦力来抵抗上游水的压力。在各种坝型中，重力坝往往占有较大的比重。在中国，有 20 座高 100 米以上的高坝，其中混凝土重力坝就有 10 座。

重力坝得到广泛应用，因其有几个优点：①相对安全可靠，耐久性好，抵抗渗漏、洪水漫溢以及地震和战争破坏的能力都比较强；②设计、施工技术简单，易于机械化施工；③对不同的地形和地质条件适应性强，任何形状河谷都能修建重力坝，对地基条件要求相对来说不太高。

但重力坝的缺点也很明显，主要是因为重量要足够大，所以消耗水泥也比拱坝多得多；体量很大，所以在施工期混凝土温度应力和收缩应力大，对施工期的温度控制要求高。

小贴士

三峡大坝是采用多段式浇灌的重力大坝，在设计论证阶段就已考虑防核武器攻击，即使坝体受到当量几百万吨的常规核武器的攻击之后，也只能炸开一个几十米的大口子，坝体不会因破口而溃败，也就不存在因决堤引发大洪水而直接威胁下游的情况。

知识拓展

"砼"字的来历

"砼"字是著名结构学家蔡方荫教授于 1953 年创造的。当时科技没有现在发达，学生上课听讲全靠记笔记。混凝土是建筑工程中最常用的词，但笔画太多，写起来费力又费时。于是思维敏捷的蔡方荫教授就大胆用"人工石"三字代替"混凝土"。

因为"混凝土"三字共有三十笔，而"人工石"三字才十笔，少二十笔，大大加快了笔记速度。后来"人工石"合成了"砼"。构形会意为"人工合成的石头，混凝土坚硬如石"，并在大学生中得到推广。1955年7月，中国科学院编译出版委员会名词室审定颁布的《结构工程名词》一书中，明确推荐"砼"与"混凝土"一词并用。从此，"砼"被广泛采用于各类建筑工程的书刊中。

1985年6月7日，中国文字改革委员会正式批准了"砼"与"混凝土"同义并用的法定地位。另外，"砼"的读音正好与法文、德文、俄文中混凝土一词的发音基本相同。这样，在建设领域中更有利于国际学术交流，是个建筑工程专用字。

（一）按结构型式分类

按照重力坝的结构型式可分为实体重力坝、宽缝重力坝、空腹重力坝。

1. 实体重力坝

重力坝坝体是实心的，又称为实体重力坝。实体重力坝对地形、地质条件适应性强，剖面大、自重大使其稳重，分段结构使其有较强的抗地震、抗战争破坏能力。实体重力坝的缺点主要是建筑材料用量大，工程量大，而且坝中部许多材料仅起填充、加重作用，对坝体强度贡献很小。坝体与坝基接触面积大，坝底的扬压力（是上游蓄水渗透到坝体与坝基之间的缝隙产生的压力，其向上的作用力会抵消部分坝体重量）也大，不利于坝体的稳定。为有效利用建筑材料的强度，减少材料消耗，减小坝底扬压力，采用减少坝体中部材料的方法建造大坝，这就是宽缝重力坝与空腹重力坝。

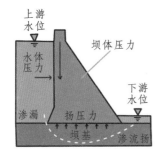

（a）实体重力坝剖面图

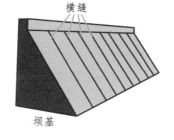

（b）实体重力坝立面图

◀ 重力坝结构及坝底扬压力示意图

2.宽缝重力坝

宽缝重力坝就是把坝的横缝（内部部分）加宽，也就是把每节坝体的内部部分减薄，使两节坝体间的横缝加宽。因此，宽缝重力坝坝体比实体重力坝可节省建筑材料 10%～20%，坝体与坝基接触面积相对小一些，坝基中的渗透水可从宽缝处排出，使坝底扬压力减小。施工时可根据各坝段地质条件采用不同的缝宽。宽缝重力坝的主要缺点是施工模板的种类与数量相对实体重力坝要增加，施工难度增大，工作量增大。

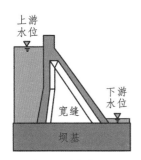

（a）宽缝重力坝剖面图

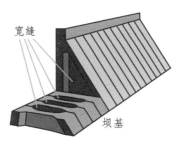

（b）宽缝重力坝立面图

◀ 宽缝重力坝结构示意图

3.空腹重力坝

空腹重力坝的下部中间部分是空心的，空洞部分称为腹孔，坝体重量通过前腿与后腿传给坝基。

空腹重力坝比宽缝重力坝进一步降低扬压力，而且可利用腹孔作为水电站厂房。空腹重力坝的主要缺点是结构复杂，施工技术复杂，施工模板的种类与数量多，钢筋等材料多。

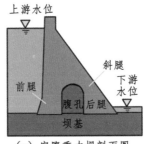 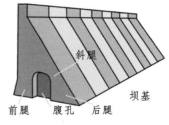

空腹重力坝结构示意图 ▶　　（a）空腹重力坝剖面图　　（b）空腹重力坝立面图

（二）按泄水条件分类

重力坝按泄水条件可分为溢流重力坝和非溢流重力坝两种。

溢流重力坝分成多段，每段间设有闸墩，闸墩间安装有闸门，在闸墩上方是公路桥，在桥面上还有闸门启闭机负责闸门的启闭。这种坝顶溢流孔也称为表孔。在溢流段与非溢流段之间有导水墙，防止溢流漫到非溢流坝段。在溢流坝下游面的尾端有向前上方的挑角，可对泄出的水进行消能减速，以保护下游河床。

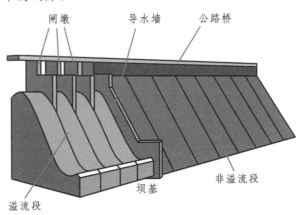

溢流重力坝结构示意图 ▶

1. 大孔口溢流式重力坝

大孔口溢流式重力坝的溢流孔设在上游正常水位线以下，溢流孔上方用胸墙拦水，当闸门升起时水坝泄水。由于孔口低，库内水位可调节范围大，在大洪水来前可腾出较大的防洪库容。大孔口溢流式重力坝的主要缺点是不利于洪水中漂浮物的排出。

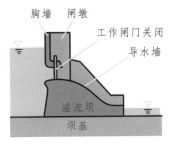

（a）大孔口溢流式水坝　　（b）大孔口溢流式水坝泄水　　◀ 大孔口溢流式重力坝

2. 深式泄水孔水坝

在非溢流坝或溢流坝的坝体下方设置排水孔，既可排泄泥沙又可用于放空水库。三峡大坝的泄洪坝段同时具有坝顶溢流表孔与坝下泄洪深孔，22 个表孔和 23 个深孔相隔而设。进行泄流的主要方式是坝下深孔泄流，在泄流的同时把上游泥沙带走，避免大量泥沙淤积在库内。

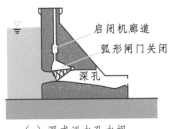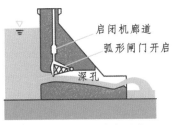

（a）深式泄水孔水坝　　（b）深式泄水孔大坝泄水　　◀ 深式泄水孔水坝

（三）按施工方式分类

根据混凝土的施工方式不同，重力坝分为常态混凝土重力坝、碾压混凝土重力坝。其中碾压混凝土重力坝由于施工方便，技术经济指标优越，近年来得到了迅速的发展。

利用碾压混凝土筑坝是 20 世纪 80 年代以来发展较快的一种新的筑坝技术，将土石坝施工中的碾压技术应用于混凝土坝，采用自卸汽车或皮带输送机将干硬性混凝土运到仓面，以推土机平仓，分层填筑，振动压实成坝。光照水电站位于贵州北盘江中游，水电站装机容量 1040 兆瓦，坝高 200.5 米，从开工到竣工用不到三年时间，在速度上、质量上都重新改写了碾压混凝土筑坝记录，达到了国内筑坝的先进水平，是目前已建碾压混凝土重力坝中的世界第一高坝。

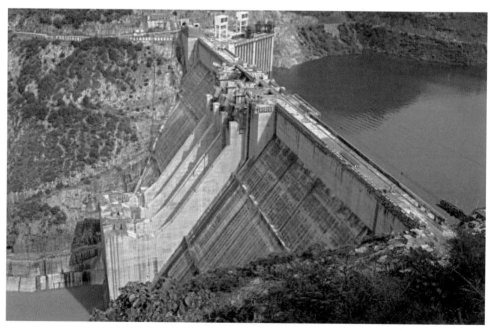

▲ 碾压混凝土重力坝中的世界第一高坝——光照水电站

二、拱坝

拱坝是凸向上游的拱形挡水建筑物。相比于重力坝，它借助拱的作用，将水的压力转移到河谷两岸的基岩上，它不需要依靠坝体本身的重量来维持其稳定性。拱坝可以充分利用筑坝材料的强度，因而可以用更少的材料建造出强度较高的坝体，其经济性和安全性都很好。

（a）拱坝受力　　　　（b）重力坝受力

◀ 拱坝与重力坝受力对比示意图

从拱坝的侧视图可以看到，拱坝的垂直剖面为弧形，凸起面朝向上游，坝体比起重力坝薄多了。从下游看，拱坝两边顶住山体岩石，与拱坝接触的两边岩石称为坝肩，拱坝的整个岩石基础称为拱座。从上游看，上游水压作用到拱坝坝面，经由拱坝两边作用到坝肩。美国科罗拉多河上的胡佛水坝就是典型的拱坝。

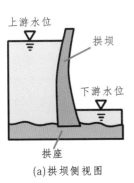
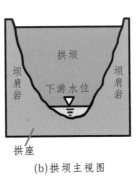
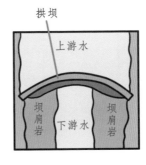

（a）拱坝侧视图　　　（b）拱坝主视图　　　（c）拱坝俯视图

◀ 拱坝视图

▲ 美国胡佛水坝

拱坝的稳定主要依靠两岸拱端的反力作用，对地形和地基的要求都很高。其几何形状复杂，不设永久性伸缩缝，施工难度也较大。因此，大坝发生变形或决堤，将是毁灭性的溃坝。

拱坝分为单曲拱坝和双曲拱坝。单曲拱坝在竖向剖面的上游面是垂直的，适用于河道断面接近矩形或较宽梯形的河流上；双曲拱坝在水平和垂直方

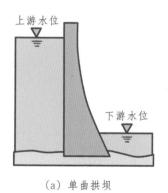

（a）单曲拱坝

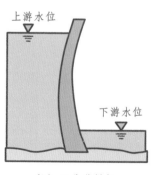

（b）双曲薄拱坝

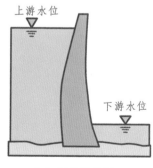

（c）双曲厚拱坝

▲ 拱坝垂直剖面图

向上均呈拱形，主要是建在断面为上宽下窄或 V 形的山区性河流上。

单曲拱坝与双曲厚拱坝兼有重力坝的特征，也称为重力拱坝。

三、土石坝

土石坝是土坝与堆石坝的总称，是一种最古老的坝型，也是最普遍使用的坝型。土石坝取材于坝址附近，来源直接、方便，运输成本低，也称为当地材料坝。土石坝基本原理与重力坝类似，主要也是依靠自身重量挡水，剖面形状一般为梯形或复式梯形。

土石坝细分的类别也比较多。像土坝、堆石坝、面板坝（混凝土面板坝、沥青混凝土面板坝）、心墙坝（黏土心墙坝、沥青混凝土心墙坝）、斜墙坝、水坠坝等。

土石坝不像重力坝为整体结构，而是散粒体结构。简单地说就是在河床上堆上一堆土，或者堆上一堆碎石头形成坝体。但是这堆土或者这堆碎石头透水，就再在这堆土或者这堆碎石头中加上防水的东西。比如在迎水的方向做一块面板（混凝土面板或者沥青混凝土面板）放在坝前，靠面板防水，坝体主要是为了支撑面板；或者在这堆土中间筑一道防水墙（黏土或者沥青混凝土心墙）；还可以在这堆土迎水面筑一道防水墙（斜墙），坝体主要是为了保护这道墙；当然也可以用黏土填筑整个坝体，形成均质坝。综上可知，土石坝的种类多其实只是对不同的防水结构的称呼而已，其挡水的本质都一样。

知识拓展

均质坝和心墙坝

均质坝体大部分采用同一种抗渗性能较好的土料。

分区坝（多种土质坝）坝体中用抗渗性能好的黏土设置专门的防渗体，坝壳采用沙石料筑成，防渗体可在坝体中间（称为心墙坝）。心墙也可由多层组成，中间是抗渗性能好的黏土，两面是抗渗性略差的黏土，坝壳采用沙石料。

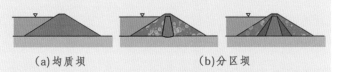

(a)均质坝   (b)分区坝

▲ 均质坝和分区坝截面示意图

防渗体向上游倾斜（称为斜心墙坝）。防渗体在坝体上游面或接近上游面（称为斜墙坝）。

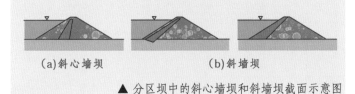

(a)斜心墙坝   (b)斜墙坝

▲ 分区坝中的斜心墙坝和斜墙坝截面示意图

　　土石坝相对重力坝最大的优势是价格便宜，建造材料容易获取，建造技术简单，适应地基变形的能力强，适合边远艰苦、交通条件差的落后地区建设；最大的缺点是抗毁伤能力弱，抗军事打击能力弱。因为是散粒体结构，只要有一个地方被毁坏而没有及时封堵，水流就能从缺口冲出，坝体就会不断被水流破坏，从而导致水坝溃坝，洪水漫过堤坝流向下游，就会造成严重的溃坝事故，带来灾难性的损失。所以土石坝坝顶是严禁过水的。国内许多重要的大坝都是土石坝结构，比如黄河小浪底水利枢纽工程。

　　黄河小浪底水利枢纽工程位于河南省洛阳市孟津县小浪底，是黄河干流上的一座集减淤、防洪、防凌、供水灌溉、发电等为一体的大型综合性水利工程。小浪底工程拦河大坝采用斜心墙堆石坝，设计最大坝高 154 米，坝顶长度为 1667 米，坝顶宽度 15 米，坝底最大宽度 864 米。水库总库容 126.5 亿米^3，长期有效库容 51 亿米^3。由于受地形、地质条件的限制，泄洪建筑物与引水发电系统均布置在左岸。电站厂房内安装 6 台 30 万千瓦混流式水轮发电机组，总装机容量 180 万千瓦。

▲ 黄河小浪底水利枢纽工程

知识拓展

天然坝变水电站

自然力可以将石头和泥土堆积成天然围坝，如堰塞湖的拦坝。这些天然坝大部分是堆土构成，远没有人工坝（例如钢筋混凝土结构）那样坚固，形成的土体松软，如果没有人工干预，几乎大部分最终都会溃决。但也有些堰塞坝经过相当长时间仍然很稳固，世界上有再利用这样的堰塞体建成水电站的实例，如塔吉克斯坦萨雷兹堰塞湖等。

2014 年 8 月 3 日，云南鲁甸发生 6.5 级地震，导致鲁甸、巧家两县交界处发生山体垮塌，崩塌滑落的泥沙石块阻塞了牛栏江干流河道，滑坡产生的堰塞体，正好位于红石岩水电站的大坝和发电厂房之间，堰塞体将河道完全堵塞，产生的红石岩堰塞湖，淹没了原水电站的整个首部枢纽。形成库容 2.6 亿米^3 的堰塞湖，威胁着下游沿江 10 个乡镇 3 万余居民的生命财产安全。

▲ 被淹没前的红石岩老水电站

▲ 被淹没后的红石岩老水电站

中国工程人员迅速行动，仅用 9 天化解险情，并变废为宝，将红石岩堰塞体改造成挡水坝，兴建一座新的水电站，原水电站引水隧洞发挥了紧急泄洪作用，之后通过炸开施工支洞堵头和新建应急泄洪隧洞的方式，加大了泄流量，很快将堰塞湖放空，暂时解除了溃坝风险。堰塞体并没有进行大规模的清理和破坏，为后期的永久性整治工程创造了条件。

堰塞坝本身没有泄洪设施，坝体也不允许水流漫过。但红石岩堰塞坝则通过枢纽设计，在右岸山体中布设了溢洪洞和泄洪洞。

堰塞湖坝体成分复杂，需要做的防渗设计比重建一座大坝困难得多。工程人员在堰塞体中部垂直于河流的方向挖了一道深槽，然后在槽内灌注混凝土形成一面起防渗作用的墙。在岸坡的滑坡体和基础的岩土体中注入一定深度的混凝土浆液，将岩土体颗粒之间的孔隙填满充实，最终形成一面像舞台幕布一样的帷幕，起到防渗作用。

堰塞坝的稳定性则是另一个重要内容。由于红石岩堰塞体体积庞大，上下游坝坡非常缓，稳定安全度反而比较高。在工程设计中，按照现行土石坝设计规范标准，计算复核，坝体稳定性满足要求。

2020年6月22日，云南昭通鲁甸红石岩堰塞坝综合水利工程首台机组正式投产发电。新水电站与原水电站均为引水式水电站，但新水电站比原水电站在装机容量、防洪能力、供水、灌溉等方面都有了很大的提升。原水电站装机容量规模为8万千瓦，水库总库容仅69.3万米^3。新水电站装机容量20.1万千瓦，水库总库容1.85亿米^3，防洪标准提高至2000年一遇，供水8.08万人，灌溉6.62万亩（1亩 ≈ 666.67平方米）。这座特别的水电站是在发生滑坡堵塞江河形成堰塞湖后，短时间内完成的"抢险–处置–利用"一体化工程，创造了水电站建设的新纪录。

▲ 红石岩新水电站

◎ 第二节 满而不溢之泄水建筑物

泄水建筑物用于下泄水库容纳不了的多余水量，或用于调节控制上游水位，如溢流坝、溢洪道、泄洪洞等。当河流上修建了水利枢纽时，由于挡水建筑物拦断了河流，形成了水库，必须设置泄水建筑物，用以宣泄洪水及其他多余的水量。除此之外，还用来排除水库中的冰及漂浮物，以及库底泥沙等。

泄水建筑物可以和坝体结合在一起，也可以在坝体外另设。布置在坝体上的泄水建筑物称为坝体泄水建筑物，也可称为河床式泄水建筑物（包括溢流坝、中孔、深孔泄水孔和坝下涵管）。此时，坝体既是挡水建筑物又是泄水建筑物，枢纽布置紧凑、管理集中。

对于某些不容许从坝身溢流或大量溢流的土石坝及轻型坝，则需要在坝体以外的岸边或天然垭口处另外建造泄水建筑物，这种在坝体外另设的泄水建筑物被称为岸边泄水建筑物（包括岸边溢洪道、岸边泄水隧洞和施工导流建筑物等）。

河床式泄水建筑物在本章挡水建筑物中有详细介绍，这里着重介绍岸边泄水建筑物。岸边泄水建筑物按结构型式不同，可分为正槽溢洪道（溢洪道泄槽与溢流堰轴线正交，过堰水流与泄槽轴线方向一致）、侧槽溢洪道（溢洪道泄槽与溢

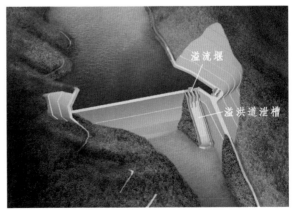

▲ 正槽溢洪道示意图

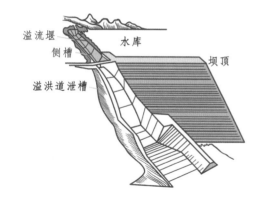

▲ 侧槽溢洪道示意图

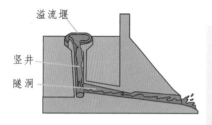

▲ 井式溢洪道剖面示意图

流堰轴线接近平行，水流过堰后在侧槽段转向约 90°，再经泄槽泄入下游）、井式溢洪道（水流从平面呈环形的溢流堰的四周向中心汇入，再经竖井、隧洞泄入下游）和虹吸溢洪道等。

知识拓展

吞吐洪水的地表之眼

古希腊的神话中有一只可怕的海怪，名为卡律布狄斯，这只大海怪会将水面上所有经过的东西一口吞入肚中，再顺着肠道排泄出去。

▲ 希腊神话中可怕的海怪形象（取自电影素材）

　　希腊神话中的海怪是深渊恐怖的象征，而长相酷似卡律布狄斯的井式溢洪道却并非以如此恐怖的姿态出现，它可平静，亦可美丽。如位于亚美尼亚耶尔穆克附近的克丘特水库的溢洪道。有别于一般的喇叭口状坝孔，它像一朵巨大的花朵在湖中间绽放，华丽无比。在坝孔上还建造了高耸的走廊，这样参观者可以走到这个"无底洞"的上方，欣赏流经花瓣的"瀑布"。当人造水利设施突破了一般工程上的实用主义，自身就转变成了一件艺术品，成为了城市景观中的一道奇景。

▲ 亚美尼亚克丘特溢洪道

　　再如位于英国峰区国家公园的中北部班福德镇的北郊外莱迪鲍尔水库的井式溢洪道。它于 1945 年修建而成，随着水量与季节的不同，溢洪道也呈现出不同的风貌。

▲ 英国莱迪鲍尔溢洪道

◎ 第三节 倍道兼行之引水建筑物

引水建筑物是用于将发电用水自水库输送给水轮发电机组，再把发电用过的水排入下游河道的建筑物，主要包括进水口、引水道、前池或调压室、压力管道、尾水道等。

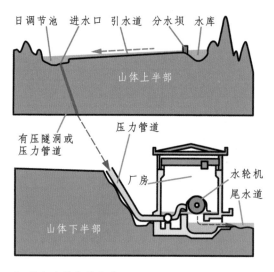

▲ 引水建筑物的构成

▲ 依附于坝体上游面，布置紧凑的坝式进水口

一、进水口

进水口是水电站引水系统的首部建筑物，按照水流条件分为无压进水口和有压进水口两大类。

无压进水口以引表层明流水为主，后接无压引水道等无压引水建筑物，在有效引水同时还需要控制水量与水质。

有压进水口则以引深层水为主，进水口后一般接有压隧洞或管道。按其布置特征不同，可分为坝式、岸式和塔式三种类型。

坝式进水口位于坝体上，虽对坝体应力分布和大坝施工有一定影响，但由于它布置紧凑，经济合理，方便运行操作，所以是一种被优先选用的形式。

岸式进水口位于河岸上，后接引水隧洞，主要有竖井式和岸墙式两种类型。

塔式进水口的进口段、闸门段及上部框架形成一个塔式结构，耸立在水库之中，通过工作桥与岸边或坝顶相连。塔式进水口可一边或四周进水。

左岸竖井式进水口　右岸塔式进水口

▲ 溪洛渡水电站左岸的竖井式进水口和右岸的塔式进水口

二、引水道

引水道主要功能是集中落差，形成发电水头。引水道首先将水流输送到压力管道、引入机组，然后将发电后的水流排到下游河道。引水道按工作条件和水力特性不同，分为无压引水道和有压引水道。

无压引水道位于无压进水口或沉沙池之后，具有自由水面，适用于河道或水库水位变化不大的无压引水式水电站。有压引水道内为压力流，适用于河道或水库水位变幅较大的有压引水式水电站。

常见的引水道结构有引水渠道和引水隧洞两种。不同于灌溉、供水的引水渠道，水电站的引水渠道需要有足够输水能力的动力渠道，以满足水电站应对电网负荷变化的引用流量变化。并且，水电站的引水渠道还需要具备较高的安全运行条件，不仅要控制渠道内水流速保持在不冲流速和不淤流速之间，达到防冲、防淤、防渗、防草、防凌的功能，还要尽可能减少输水过程中的水量、水头损失。此外，水电站引水渠沿线及渠末都要采取拦污、防沙、排沙措施。

相比于引水渠道，引水隧洞对地质条件的要求较高，施工技术难度相对较大，工期较长。常见的隧洞断面型式有圆形、城门洞形、马蹄形及高拱形等。

小贴士

不冲流速和不淤流速

渠道引水要考虑渠道内水流的流速。如以节省施工费用为目的，渠道的断面积应是愈小愈佳，即水流流速越大越经济。但若流速太大，则可能冲刷甚至毁坏渠道，所以必须有最大流速的限制，以保证渠道的安全，这个最大流速的限制称为"不冲流速"。水流不冲流速的大小和渠道接触面的特性、水中泥沙的质和量等因素相关。另一方面，渠道内的水流速度，也不可小于一个最低的限制，以免渠水挟带泥沙发生沉淀，以致淤塞渠道，减小过水断面，这个最低流速的限制，就是"不淤流速"。

▲ 巴基斯坦建设中的卡洛特水
电站引水隧洞内部

▲ 乌都河水电站压力前池

地质条件较好时，无压隧洞断面常采用城门洞形。洞顶和两侧围岩不稳时采用马蹄形，洞顶岩石很不稳定时采用高拱形，有压隧洞多采用圆形断面。

水流经引水道后将进入压力前池，再经压力前池被平稳均匀地分配到各压力管道。压力前池是连接无压引水道与压力管道的建筑物，相当于一个无压进水口，一般由池身、压力管道进水口、泄水建筑物、排沙建筑物等组成。它一般具有日调节功能，并起到平稳水压、平衡水量，宣泄多余水量，拦阻污物和泥沙的作用。

三、调压室

由于水的不可压缩性，水流无法吸收动量突然改变所带来的冲击，从而导致输水压力管道中出现压力瞬间飙升的"水锤"现象。"水锤"产生的瞬时压强可达管道的正常工作压强的几十倍甚至数百倍。对于水电站长达数百千米的大直径管道，这种大幅度的压强波动现象，可能会导致管道系统发生灾难性的事故。

为改善压力管道中的"水锤"现象，水电站常在厂房附近引水道与压力管道衔接处建造调压室。调压室扩大断面面积和自由水面，能有效截断水锤波的传播。

最常见的调压室为布置在厂房上游引水道上的一个具有自由水面的筒式或井式建筑物。当厂房下游尾水隧洞较长时，还会设置尾水调压室，以减小水击锤力、改善机组运行条件。按调压室的结构型式的不同，可分为简单式、阻抗式、双室式、溢流式、差动式和气垫式等几种基本形式。

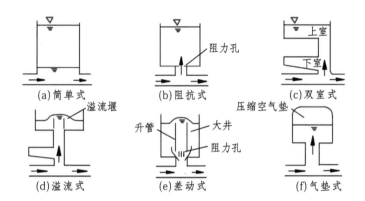

(a)简单式　(b)阻抗式　(c)双室式

(d)溢流式　(e)差动式　(f)气垫式

◀ 调压室的基本结构型式

四、压力管道

压力管道是从水库、引水道末端的压力前池或调压室，将有压的水流引入水轮机的输水管。其特点是集中了水电站大部分或全部的水头，坡度较陡、内水压力大。压力管道分为钢管、钢筋混凝土管和钢衬钢筋混凝土管三种。根据地形、地质条件，以及总体布置要求，压力管道常用的布置方式有露天明管、地下埋管和坝身管道等几种。

露天明管设有镇墩和支墩，一般在进口设置闸门，在末端设置阀门，附件有伸缩节、通气孔和充水阀、进人孔及排水设备；地下埋管埋藏在地下岩层之中，施工时需对破碎的岩层进行固结灌浆，平洞、斜井的拱顶要进行回填灌浆；钢衬钢筋混凝土管需在钢衬与混凝土、混凝土与围岩之间进行接缝灌浆。

◎ 第四节 履"峰"如夷之过坝建筑物

在河流上拦河筑坝，会截断原河道船只、木筏、鱼类洄游的通道，为了解决这些问题，水利枢纽中需修建过坝建筑物。水利枢纽中常见的过坝建筑物包括通航（过船）建筑物和过鱼建筑物。

一、通航建筑物

现代通航（过船）建筑物主要分为船闸和升船机两种基本形式。

船闸是利用"连通器"原理，阶梯式地调节水位，帮助船舶克服上下游航道集中水面落差的通航

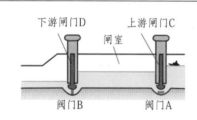

（a）关闭下游阀门B，打开上游阀门A，闸室和上游水道构成了一个连通器。

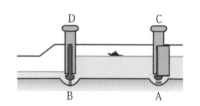

（b）闸室水面上升到和上游水面相平后，打开上游闸门C，船驶入闸室。

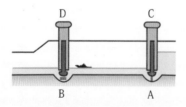

（c）关闭上游闸门C和阀门A，打开下游阀门B,闸室和下游水道构成了一个连通器。

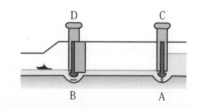

（d）闸室水面下降到跟下游水面相平后，打开下游闸门D，船驶向下游。

▲ 船闸工作原理示意图

建筑物。船闸由固定位置的闸室、闸首、输水系统、引航道等组成。通过闸首上闸门的开与合，可控制闸室内部的水位是与上游水位齐平还是与下游水位齐平，进而让在闸室内等候的船舶可自由向上行或向下行。由于技术和经济的原因，高坝枢纽常常需设置多厢船闸（又称为多级船闸）。

升船机主要利用机械力帮助船舶通过航道上的集中水位落差。升船机在升降船舶过程中的支承方式，分为干运和湿运两种。干运是船舶停放在不盛水的承船架或承船车上；湿运是船舶载于盛水的承船厢内。根据承船厢的运行方向，升船机可分为垂直升船机、斜面升船机、旋转式升船机等。

船闸具有一次通航能力较大、安全可靠的优点，应用最广。升船机具有耗水量少，一次提升高度大，过坝时间短等优点，但是由于它的结构复杂，工程技术要求高，钢材用量多，所以不如船闸应用广泛。通常只有在高、中水头枢纽且建造升船机较之建造多级（或井式）船闸更经济合理的情况下采用。

▲ 三峡工程中的垂直升船机

知识拓展

中国是建造船闸最早的国家

秦始皇三十三年（公元前214年）开凿灵渠，设置陡门，又称斗门（今名闸门），用以调整斗门前后的水位差，使船舶能在有水位落差的航道上通行。这种陡门构成单门船闸，简称单闸，又称半船闸。

◀ 中国邮政1998年12月1日发行的特种邮票——灵渠·陡门

南朝宋景平年间（公元423—424年），在扬子津（今江苏省扬州市扬子桥）河段上建造了两座陡门，顺序启闭这两座陡门，控制两陡门间河段的水位，船舶就能克服水位落差上驶或下行。宋朝雍熙年间（公元984—987年）在西河（今江苏省淮安至淮阴间的运河）建造两个陡门，间距50步（约合76米），陡门上设有输水设备，这就是中国历史上有名的西河闸，是现代船闸的雏形。在欧洲，单闸在12世纪首次出现于荷兰。1481年意大利开始建造船闸。20世纪后，在美国、苏联和西欧各国，由于河流的开发和航运的发展，船闸的数量逐渐增多，技术也不断改进。现如今世界上最高的船闸位于广西最大最长的峡谷——大藤峡出口处，设计高度47.5米，比之前世界最高船闸——三峡双线五级船闸的"人"字门高出9米，可容纳3000吨级船舶一次通过。

▲ 大藤峡工程船闸

▲ 三峡双线五级船闸

知识拓展

世界第一个旋转式升船机

福尔柯克轮位于苏格兰内陆福斯河－克莱德河运河与联盟运河之间，通过设置升船机将两组落差八层楼高的运河巧妙地连接起来。

▲ 福尔柯克轮

福尔柯克轮于 2002 年 5 月投入使用，由一对15 米长的吊臂构成，用于升降船只。两条吊臂相距大约 35 米，中部的轴直径 3.5 米，耗资 1750 万英镑，整个项目（包括疏通联合运河以及福斯和克莱德运河附近的水道）的总成本高达 8450 万英镑，被誉为21 世纪工程的一大奇观。

福尔柯克轮其实就是一个大转轮，两边各有一个对称的可封闭水槽。当船要由高水位开到低水位的运河时，它就由高架水道开入水槽内，然后把水槽封闭，接着大转轮旋转半圈，把船运到低水位的运河。旋转吊桥的巨大起重机配备有 10 个水压的水泵，通过轮体内巨大的齿轮机械结构，能在 15 分钟内，将4艘船（包括水）起吊到35米的高度。与此同时，另一只吊臂将4艘船放下。由于旋转轮体是对称设计，整个装置两边的水槽是对称的，船开进去后，两边水槽的重量是接近一样的，因此整个装置运作起来所需要的能量并不大。福尔柯克轮大大减少了船只渡过有高度差运河时的时间，从而畅通了苏格兰中部连接大西洋和北海的水道。

二、过鱼建筑物

水库大坝的建设阻隔了鱼类的洄游，可能会导致某些洄游鱼类的灭绝。上下游鱼类的物种交流被大坝隔断，影响了种群的遗传多样性，也会对鱼类造成不利影响。过鱼建筑物是为了使野生鱼类繁殖时能顺流或逆流通过河道中的水利枢纽、天然河坝而设置的建筑物，主要有鱼道、鱼闸和升鱼机，可根据过坝鱼类的品种、数量和鱼的习性及枢纽的特性等条件选用。

鱼道最先被引进到一些低矮的水坝上。其设计主要考虑鱼类的上溯习性，在闸坝的下游，控制鱼道出口的水流流速，吸引鱼类进入鱼道。鱼道按结构型式分为槽式鱼道和池式鱼道两类。

槽式鱼道是一种连接上、下游的斜槽，槽内沿边壁或底壁设置各种形式的加糙部件，以增加水流阻力，减缓流速，便于鱼类向上溯游。其结构简单，节省费用，有利于仔幼鱼降海（河）。但鱼道流速大，且无休息池，只能建在低水头处，适用于鳟鱼、鲑鱼等游泳能力较强的洄游鱼类。

▲ 青海湖裸鲤正在通过沙柳河阶池式鱼道

池式鱼道则是由一串连接上、下游的水池组成，可设休息池，流速小，鱼类易上易下，接近天然河道。但由于其结构较为复杂，费用高，占地大，适用性会受到一定限制。

鱼闸和升鱼机则可用于水头较大的高坝。鱼闸的运作原理与船闸相同，一般设有两个闸室，一个位于坝的顶部，另一个位于坝的底部，上、下两段闸门交错启闭进行过鱼。底部闸室关闭时，闸室内水位上升，闸室中的鱼群去往上游，并通过上闸室的溢水闸游出。鱼闸占地少，容纳鱼数量大，可与船闸并用，造价低，过鱼省时省力，适用于游泳能力差的鱼类。其缺点是过鱼不连续，过鱼量不多，需要机动设备，维修费用大。

常见的升鱼机是用缆车起吊盛鱼的容器运输过坝，或装车转运到适当的水域投放，适用于高坝和水库水位变幅较大的枢纽，也适用于长距离转运。采用升鱼机，一般下游均设有诱导设施。升鱼机的优点在于建设费用低、总体积小，缺点是运维费用很高。

升降机

计数站

放流通道（上池）

大坝

诱鱼通道（下池）　竖井　运转水箱

▲ 升鱼机运行原理

近年来还出现了更为灵活的活动过鱼设施——集运鱼船，可以解决固定过鱼建筑物的进口较难适应流态和鱼群变化规律以及造价高的问题。集运鱼船分集鱼船和运鱼船两部分。集运鱼船可驶至下游鱼类集群区，打开两端，水流通过船身，并采用补水措施使进口流速比河床流速略大，以诱鱼进入船内，再通过驱鱼装置将鱼驱入紧接在其后的运鱼船。运鱼船可通过船闸过坝，将鱼放入上游。此种过鱼设施机动灵活，可在较大范围内变动诱鱼流速，可

▲ 马堵山水电站红河生态一号集运鱼船

▲ 集运鱼管

将鱼运往上游适当的水域投放，不影响枢纽布置，适合在已建有船闸的枢纽补建过鱼设施。这样做的缺点是运行费用大，诱集底层活动的鱼较困难，噪声、振动及油污也影响集鱼效果。

向下游输送鱼过坝，保护和运输的主要对象是幼鱼（下行鱼），需要首先把幼鱼从河道水流中引导分离出来，而后再安全地输向下游。拦截下行鱼的设施有拦网、百叶窗式导鱼栅、撇流器、栅网等。下行鱼被导集于固定地点后，立即提捞转运至坝下，或将其导向旁通管输送至下游，抑或采用集运鱼管来输送。

知识拓展

过鱼设施能彻底地解决大坝对鱼类的影响吗？

并不是大坝有了过鱼设施,所有鱼就都能过得去。

鱼类能否通过大坝,首先取决于过鱼设施设置的合理性。一些喜欢在小流速区洄游的鱼类无法通过流速很快的鱼道,而鲟等大型鱼也较难顺利通过鱼道,即使布设了诱导装置,还是有许多鱼类日夜徘徊在水坝下方,不愿进入鱼闸或升鱼机。

即使河流上的每一座水坝都有足够合理的鱼道可以供鱼类通过,但如果一条河流上存在多座水坝,那么鱼类通过全部水坝的概率就会依次下降,而寻找入口、顺着水流快速游动的时间会依次增加。洄游过程的延后,很有可能会影响亲鱼错过最佳的繁殖季节。

通过每座水坝后,鱼类会来到一个水流流速突然变缓的库区,需要流速指引方向的洄游鱼类这时很有可能迷途,洄游周期进一步延长会耗尽鱼类的体力。

▲ 洄游鱼类面对河流上一座又一座大坝,
想要逆流而上却又困难重重

到此为止，渡过了千难万险的鱼还只经历了一半的考验。在它们降海（河）（在淡水水域中生长发育，性成熟后到海洋中繁殖）的旅程中，水坝又一次拦在路上。降海时鱼有可能被卷入水轮机，或被之下的急流击伤，还会因为找不到降海方向而丧失长大成熟的机会。

即便是不洄游的鱼类，也需要面临水体富营养化、氮气过饱和及近亲繁殖的风险。过鱼设施是人类减少水资源利用对生物多样性破坏的方法之一，但绝不是一劳永逸。在享受到水电工程给人类社会带来便利的同时，也不能回避由此带来的负面影响。保护和发展，从来都不是一句简单的口号。只有正视它，才能更好地解决它。

第三章

水旋电掣——水电的生产

水力发电是利用河流、湖泊等位于高处具有势能的水流至低处，将其中所含的势能转换成水轮机的动能，推动发电机产生电能，变成人类可以自由调节利用的能量。水轮机与发电机的联合运转，集中的水能转换为电能，再经变压器、开关站和输电线路等将电能输入电网。除利用江河水力发电之外，人们还利用各种技术装置，通过潮汐的自然涨落和波浪的振荡起伏获得电能。

◎ 第一节 依山傍水的水力发电站

一、什么是水力发电站

水力发电站又称水力发电厂，是将水能转换为电能的综合工程设施，它包括为利用水能生产电能而兴建的一系列建筑物及装配的各种设备。

世界上第一座水电站—— 亚普尔顿水电站诞生于 1882 年美国威斯康星州的福克斯河上，这是人类首次将水能转化为电能的尝试。

中国第一座水电站是建于云南省螳螂川上的石龙坝水电站。它始建于 1910 年 7 月，1912 年发电，当时装机容量为 480 千瓦，以后又分期改建、扩建，最终达 6000 千瓦。

▲ 石龙坝水电站

二、水电站工作原理

水电站的工作原理就是利用各种能量之间的转换和转移来运作。当水坝处于关闭状态时，水在大坝里面基本上处于静止不动的状态，它们看似没有多大的波澜，没有什么能量，其实，此时的水并非没有能量，而是处在一个潜伏的状态，不易被察觉。当水坝打开，大量的水就会倾泻而下，爆发出极大的能量。因为水坝与下游河床的巨大落差能够使水中蕴藏的能量在重力的作用下被激发出来，继而在落下的过程中转化为机械能。此时在大坝的最下方有一个巨大的叶轮，在水流的冲击下，这个巨大的叶轮就会快速地旋转起来，将水流的机械能转移为叶轮的机械能。同时，由于叶轮是发电装置上涡轮机的一个重要组成部分，所以叶轮的转动就会带动发电装置的运转，从而完成发电。在这个过程中，叶轮的动能就转化成了电能。接着，发出来的电被传输出去并最终被电器利用。

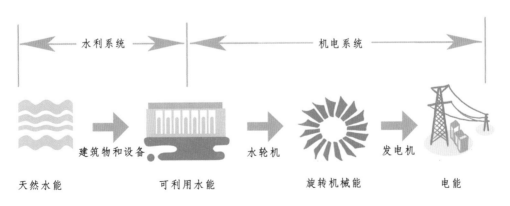

▲ 水电站的能量转换和转移

知识拓展

永不消失的能量

能量是一种运动的能够做功的物理量，一般可以分为机械能、热能、化学能、电能、光能等。具体来说，与宏观物体的机械运动对应的能量形式是机械能，与分子运动对应的能量形式是热能，与原子运动对应的能量形式是化学能，与带电粒子的定向运动对应的能量形式是电能，与光子运动对应的能量形式是光能。除了这些，还有风能、潮汐能、生物能等能量存在。

如果说这些能量自产生之日起，就是永恒的，在使用的过程中只有转化和转移，而没有消失，你会相信吗？如果能量永不消失，它们又到哪里去了呢？其实，我们之所以感觉能量会消失不见，是因为只看到了部分能量的消耗，而忽视了后续能量转换的环节。这就是爱因斯坦提出的能量守恒定律。

能量守恒定律是指能量既不会凭空产生，也不会凭空消失，它只能从一种形式转化为其他形式，或者从一个物体转移到另一个物体，在转化或转移的过程中，能量的总量不变。也就是说，能量是永恒的，宇宙中的所有能量一开始的时候就是在那里，而且只要宇宙存在，就会一直存在。

三、水电站的类型

按照装机容量，水电站可分为大型水电站（大于250兆瓦）、中型水电站（50～250兆瓦）和小型水电站（小于50兆瓦）。

根据水能利用方式的不同，水电站可分为常规水电站、抽水蓄能水电站和潮汐水电站等。常规水电站和潮汐水电站利用天然水能资源发电，可为电力系统提供容量和电量，而抽水蓄能水电站实质上是能量的转换装置，只是吸收电力系统负荷低谷时多余的电量，转换成水能储存起来，待系统高峰负荷电力不足时再发电，故其主要作用是为电力系统提供容量。常规水电站是最常见的水电站。

（一）常规水电站

1. 按照开发方式分类

常规水电站按照开发方式分类，可分为调蓄式水电站和径流式水电站。

（1）调蓄式水电站一定是有水库的水电站。因为有水库，水电站可以根据电力系统负荷需要调节发电用水，以达到随时改变水电站出力负荷（水电站发电的能力）的目的。电力系统中的大型调蓄式水电站拥有优越的调峰能力，可以大大减轻电力系统运行的压力，非常受电网重视。

▲ 调蓄式水电站

（2）径流式水电站是依靠河流径流（来水）发电的水电站，它比调蓄式水电站简单。径流式水电站不对河流来水进行调蓄，只是利用来水而发电。与调蓄式水电站相比，径流式水电站出力

▲ 径流式水电站

不稳定，调度运行不方便，在电网中不易布置。但是由于投资小，地形限制小，开发建设较为容易，也是目前我国水电站开发建设的主要方式。

2.按照建设型式分类

按照建设型式分类，常规水电站又可以分为水库式水电站、引水式水电站、混合式水电站、河床式水电站和半河床式水电站等。

非溢流坝　右厂房坝段　泄洪坝段　左厂房坝段　非溢流坝
上游水库
升船机
发电厂房　　　　　　　　发电厂房
下游河道

▲ 水库式水电站——三峡水电站

（1）三峡水电站是典型的水库式水电站。三峡大坝全长 2309.47 米，中部泄洪坝长 483 米，大坝高 181 米，水头约 110 米。泄洪主要通过深孔泄洪，可有效带走上游淤积泥沙，如遇大洪水还可进行溢流泄洪。泄洪坝段的两侧是发电厂房坝段，发电厂房在大坝后方，水轮机引水管道从坝体穿过向下引入发电厂房。在厂房坝段的下方还设有若干个冲沙孔。三峡水电站共有 32 台 70 万千瓦水电机组：左侧厂房安装 14 台 70 万千瓦水电机组；右侧厂房安装 12 台 70 万千瓦水电机组；在右岸大坝"白石尖"山体内的地下厂房还安装有 6 台 70 万千瓦水电机组。再加上 2 台 5 万千瓦电源机组，三峡水电站总装机容量达到 2250 万千瓦。

（2）引水式水电站是在有坡度的河流上选择
一个位置，修建一座小小的引水渠首，后面接上渠
道或者隧洞，让水从渠道或者隧洞（有压隧洞或无
压隧洞）沿着河流附近流走，利用渠道或者隧洞与
下游附近河道的高度差发电的水电站。

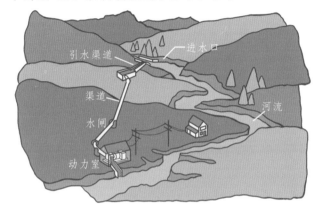

▲ 引水式水电站

（3）混合式水电站就是水库式水电站和引水式
水电站的结合体，修一个水库抬高一部分水位形成高
度差，后面再修一段渠道或者隧洞获取一部分高度差，
利用这两部分高度差发电。混合式水电站可以是调蓄
式水电站，也可以放弃调蓄能力作径流式水电站。

▲ 混合式水电站

（4）河床式水电站就是直接在河床上建设的水
电站。这种水电站跟水库式水电站极为相似。只是
水库式水电站一般水坝都比较高，至少也有 20 ~ 30
米，甚至两三百米的也不罕见。而河床式水电站直
接利用水电站厂房当水坝，把水挡住抬高水位发电，
所以一般抬高的水位都不高。因为水位差不大，所
以河床式水电站形成的水库库容也不大，只具有有
限的调节能力（比如只能日调节）。葛洲坝水利枢
纽就是典型的河床式水电站。它与三峡水电站发电
使用的水量几乎是一样的（葛洲坝就在三峡下游不
远，三峡发电后水就流到葛洲坝继续发电，葛洲坝
也可以作为三峡水电站的反调节水电站），但是三
峡水电站装机容量 2240 万千瓦，葛洲坝水电站装机
容量才 271.5 万千瓦，这跟葛洲坝水电站水位差太
小有关系。河床式水电站可以是调蓄式水电站（但
是调蓄能力有限），也可以放弃调蓄能力作径流式
水电站。

▲ 河床式水电站——葛洲坝水电站

（二）抽水蓄能水电站

抽水蓄能水电站可分为纯抽水蓄能和混合式抽水蓄能水电站。纯抽水蓄能水电站发电的水源是利用系统负荷低谷时的多余电量，将电站下游的水利用水泵或可逆式机组将其抽入上水库（池），待系统缺电时再通过可逆式机组发电。混合式抽水蓄能水电站本身有一定的天然水源，但水量不足，需从电站下游抽一部分水量，整个水电站由上下水库（池）、电厂、输水系统三部分组成。混合式抽水蓄能水电站还必须有泄洪设施。

抽水蓄能水电站，一定意义上说是可实现人为干预的"升级版"水电站。修建抽水蓄能水电站不必完全依赖天然河流湖泊，理想情况下甚至可以在无水源处直接挖两座水库，只要两者有势能差，然后向上下水库灌水即可。不过，这样耗费极大，所以抽水蓄能水电站一般都是借助现有水电站水库与天然库盆实现上下水库通水的。由于抽水蓄能水电站可以起到调峰填谷的作用，对缺乏水能资源或水能资源已开发完及以火电为主的电力系统，更能显示它的优越性。

抽水蓄能水电站的工作原理很简单，首先要把上下水库灌入水，然后利用闸门和抽水泵将水"搬来搬去"，在这一过程中利用重力势能发电。详细来说就是，用电低谷期（如深夜以及上下班通勤时），通过水泵抽水将下水库的水搬到上水库储藏起来。因此，上水库其实就是一个"大

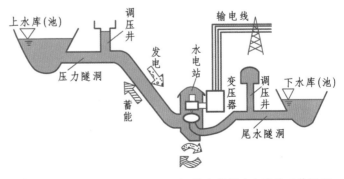

▲ 抽水蓄能水电站的工作原理

电池"，以势能的形式存储了能量。用电高峰期（如上班时间、节假日），打开上水库闸门放水，之后就和水电站原理相同了，冲下的水推动水轮机旋转，带动发电机发电。

（三）潮汐水电站

潮汐水电站是利用潮汐来发电的装置、设备和设施的总称，将海洋潮汐能转换成电能。潮汐水电站的发电原理是利用海水升降过程所产生潮位的能量发电。由于潮汐是海水受到月球、太阳的引力而产生的，具有明显的规律性，故利用潮汐周期性涨落的变化进行发电，出力在年内比较均匀，可以作出比较可靠的预报。潮汐水电站主要建在沿海港湾交叉处，没有人口迁移和农田淹没问题，还有农田围垦等综合利用效益。但由于可资利用的水头很低，造价比一般常规水电站要高得多。整个水电站由堤坝、厂房和水闸组成。

法国于 20 世纪 60 年代建成的世界上最大的潮汐水电站—— 朗斯潮汐水电站。朗斯潮汐水电站位于法国西北部英吉利海峡圣马洛湾的朗斯河口。该处是世界上具有很大潮差的地点之一，平均潮差约 8.5 米，最大潮差约 13.5 米，最小潮差约 5.4 米。工程选择在朗斯河口处建设拦河坝，形成河口水库，最高水位 13.5 米时，水库面积 22 千米²，最

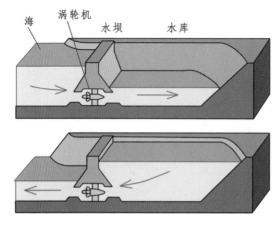

▲ 潮汐发电原理

低水位 0 米时，水库面积 4.3 千米^2，有效库容 1.84 亿米^3。

　　潮汐水电站也有几种利用形式。第一种是朗斯水电站采用的形式，在涨潮的时候水从外海通过发电机组进入海湾或内河，落潮的时候海水以相反方向通过发电站，这样一来一去，潮水推动水轮机发电。当然这是适用于潮水比较急的地方。如果潮水比较缓，则可能采取类似水电站的方式，涨潮时开闸门，落潮时闭闸门，这样两边形成高度差发电。

　　第二种是直接把水轮机置于潮流中利用波浪能发电，不建水闸，这些装置包括震荡水柱、浮标、表面阻尼器、漫溢设备、振荡浪涌变换器等。波浪能的较大优点就是随时存在且昼夜不停。缺点则是能量密度太低、输出不稳定。另外这些装置会产生电磁场，对海洋生物产生一些不良的影响。

　　振荡水柱是一个很简单的装置，类似一个开口的圆筒插在海面上，圆筒里的自由液面随波浪起起

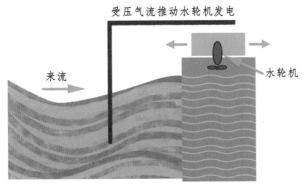

受压气流推动水轮机发电

来流

水轮机

圆筒中水柱的自由液面随波浪起落

◀ 波浪能发电装置——振荡水柱工作原理示意图

落落。圆筒的顶上开个小口，当液面上升的时候排气，液面降低的时候进气，从而推动水轮机发电。

　　浮标装置就是利用浮标的上下往复运动从而带动发电机发电。

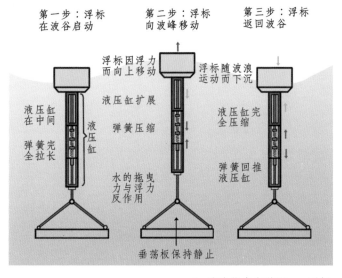

▲ 波浪能发电装置——浮标

　　表面阻尼器是一种蛇形的波浪能转换装置，随波扭动，带动内部的机械传动装置进行发电。

▲ 波浪能发电装置——表面阻尼器

漫溢设备利用波浪传递过程中，波峰的水涌进
浮体的蓄水池，与平均海平面形成高度差，水向下
流通过水轮机驱动发电。

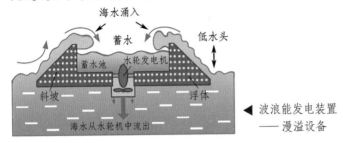

◀ 波浪能发电装置
——漫溢设备

振荡浪涌变换器一端固定在海底，一端随波浪
摆动，通过液压泵驱动发电机。

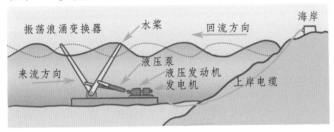

▲ 波浪能发电装置——振荡浪涌变换器

第三种是利用海表和海底的温度差，传热介质在
海表加热，在海底冷凝，构成循环，推动水轮机发电。

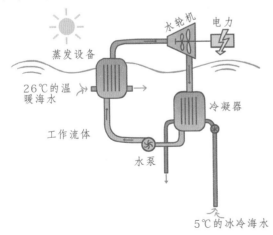

▲ 温差能发电工作原理

◎ 第二节 触机即发的水电家族

▲ 藏木水电站主厂房内景

▲ 中国第一座坝内式厂房——
　　上犹江水电站坝内式厂房

▲ 董箐水电站河岸式厂房

一、水电站厂房

水电站厂房是将水能转为电能并输入电网的综合工程设施，一般由主厂房、副厂房、变压器场和高压开关站等部分组成。主厂房是水电站厂房的主要组成部分，由主要动力设备（水轮发电机组）、辅助设备（主机室等）、装配厂（安装间）等构成。

副厂房主要布置控制设备、电气设备和辅助设备，是水电站运行、控制、监视、通信、试验、管理和工作的房间。大中型水电站的副厂房一般设有中央控制室、继电保护室、电子计算机室、电缆室、发电机电压配电装置室、厂用电设备室、蓄电池室、充电机室、通信室、油系统、供水和排水泵房、空气压缩机室、通风机房、电工修理间、电气试验室、机械修理间、调度、值班、办公、资料等用房。小型水电站可简化合并。

根据厂房在水电站枢纽中的位置，以及结构受力特点，主要可以分为地下式厂房、地面式厂房两种基本类型。按照厂房的具体位置，地面式厂房又包括河床式（参照河床式水电站图）、坝后式（参照水库式水电站图）、坝内式和河岸式几种常见的布置型式。

安装升压变压器的地方称为主变压器场。高压开关站安装高压开关、高压母线和保护措施等电气装置，通常布置在厂房附近的露天场地上。根据枢纽布置和地形条件的不同，变压器场和高压开关站可以分开布置，也可连在一起布置，布置在一起时，称为升压变电站。它们的作用是将发电机出线端电压升高至规定要求的电压，并经调度分配后送向电网。

▲ 乌干达卡鲁马水电站项目变电站

二、水力发电动力设备

自然界的河流都具有一定的天然坡降。在河流上筑坝，把水流集中起来，引导其通过管道进入动力机械，驱使机械旋转，令水能转变为旋转的机械能。旋转的机械能又带动电机，将机械能转换为可以远距离输送的电能。这种能将水流能量转换为机械能的动力机械就是水轮机，能将机械能转换为电能的动力机械就是发电机。

水轮机和发电机是水力发电过程中最基本的设备。水轮机组一般安置在引水管道终端的地下厂房内。当它受到来自引水管道的水流冲击便会发生运转，并通过与发电机组连接的轴承，带动安置在地面厂房内的发电机组运转，使水能最终转化为电能。

1.水轮机

常规的水轮机根据转换水流能量方式的不同分为冲击式和反击式两大类。水轮机受水流作用而旋转的部件称为转轮。

冲击式水轮机的转轮受到喷射水流的冲击而旋转，工作过程中水流的压力不变，主要是动能的转换，在同一时刻内，水流

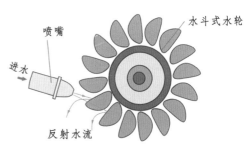

▲ 冲击式水轮机工作原理示意图

只冲击转轮的一部分，而不是全部。冲击式水轮机按喷射水流的流向可分为切击式（又称水斗式，其转轮由轮盘与多个水斗组成）、斜击式（其转轮上装有轮叶，喷射水流与转轮进口平面倾斜一个角度）、双击式三类。

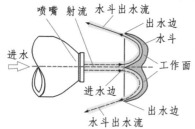

▲ 切击式（水斗式）水轮机
工作原理示意图

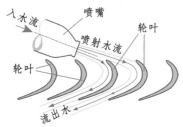

▲ 斜击式水轮机工作原理
示意图

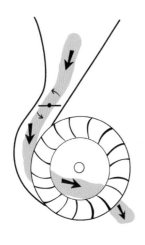

▲ 双击式水轮机工作原理
示意图

其中双击式水轮机的喷嘴射出的水流会首先对转轮上部叶片进行第一次冲击，然后水流穿过叶片进入转轮中心，再从转轮中心通过径向叶片流出转轮，在此过程中水流完成与水轮机的两次能量交换。双击式水轮机的结构较为简单，但是效率不高，主要用于小型水电站。

与冲击式水轮机不同，反击式水轮机的转轮在水中是受到水流的反作用力而旋转。水流流入水轮机叶片流道前，流速较小，压力较大，水流流出叶片流道后，流速较大，压力较小，这样就使转轮叶片的正反面（或称前后面）形成了压力差，利用压力差推动转轮转动。根据水流进入转轮的方向及水流在叶片中的流动形式，反击式水轮机可分为轴流式（水流向下方推动转轮叶片做功，方向与转轴方向平行）、混流式（水流在径向与轴向通过叶片时都做功，也称为辐向轴流式水轮机）、斜流式（轴流式水轮机变型，叶片水流倾斜于轴向）、贯流式（转轮与轴流式水轮机转轮基本相同，但转轴是水平方向或略有倾斜，水流是沿水轮机轴线方向进入，沿水轮机轴线方向流出)等。在反击式水轮机中，水轮机内的水是有压力的，工作时水轮机内是充满水的。因此，这种水轮机必须放在一个能够承压的机壳内。

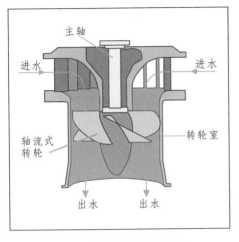

（a）轴流式水轮机示意图

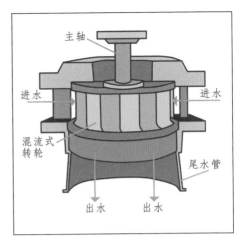

（b）混流式水轮机示意图

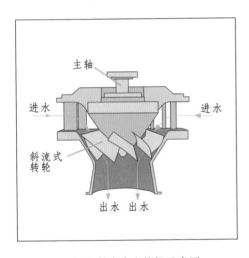

（c）斜流式水轮机示意图

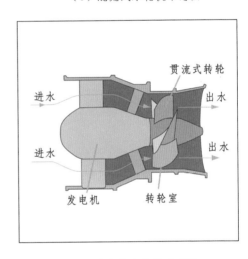

（d）贯流式水轮机示意图

▲ 反击式水轮机

2. 发电机

　　水轮发电机是指以水轮机为原动机将水能转化为电能的发电机。水流经过水轮机时，将水能转换成机械能，水轮机的转轴又带动发电机的转子，将机械能转换成电能而输出。水轮发电机由水轮机驱动，是水电站生产电能的主要动力设备。水电站中的发电机基本都为同步电机，水轮机和发电机二者组合，统称为水轮发电机组。

根据物理学中的电磁感应原理，导线在稳定磁场中做切割磁力线运动时，运动导线内的电子受洛伦茨力的作用会在导线两端产生电动势。如将导线连成闭合回路，就会有电流流过，同步发电机就是利用电磁感应原理将机械能转变为势能的。

知识拓展

电磁感应的规律是什么？

电磁感应定律也被称为法拉第定律。是在英国物理学家、化学家迈克尔·法拉第于1831年所做的电磁感应实验的基础上总结而来的。法拉第定律最简单的演示是用一块磁铁穿过电线线圈，电线线圈就会产生电流。这个实验将电和磁联系了起来。在此之前，人们只知道电流会产生磁场，还不知道倒过来也会产生同样的现象。

电磁互生的规律改变了世界。在此基础上，法国人很快发明了发电机，人类开始进入电气时代。

发电机和电动机是两个容易混淆的概念。发电机是利用了"变化磁场可以产生电流"的原理，有了发电机，人们可以将机械能、化学能、风能甚至是核能变成电能，然后储存并输送出去。电动机的原理是基于"电流产生磁场"。

什么是同步发电机？

一般的发电机有同步发电机和异步发电机之分。

所谓"同步"和"异步"是针对转子和定子旋转磁场
的速度是否一致而言的。速度一致即为同步，速度不
一致为异步。异步电机是定子送入交流电，产生旋
转磁场，而转子受感应而产生磁场，这样两磁场作用，
使得转子跟着定子的旋转磁场而转动。其中转子比
定子旋转磁场慢，有个转差，不同步，所以称为异步
机。而同步电机定子与异步电机相同，但其转子是人为
加入直流电形成不变磁场，这样转子就跟着定子旋
转磁场一起转，因此称为同步电机。区别同步发电
机与异步发电机最最简单的方法是看定子有没有加
入励磁。相比之下，同步发电机比异步发电机更为
复杂，造价更高。从同步发电机示意图中可以看出，
导线放在空心圆筒形铁芯槽里，铁芯是固定不动的，
称为定子。磁力线由转动的磁极产生，磁极是转动的，
称为转子。

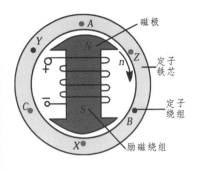

▲ 同步发电机示意图

　　水轮发电机一般由转子、定子、机架、
推力轴承、导轴承、冷却器、制动器等主要
部件组成。

　　水轮发电机转子由磁轭与磁极组成。磁
轭叠片分为几层，层间有缝隙，用来通风冷却。
每个磁极上都绕有励磁线圈，通过集电环向
励磁线圈供电。水力发电机转子短粗，因此
机组的启动、并网所需时间较短，运行调度
灵活。

　　发电机的定子铁芯由导磁良好的硅钢片
叠成，在铁芯内圆均匀分布着许多槽，用来
嵌放定子线圈，铁芯分层叠装，层间有通风隙，
以便散热。定子线圈嵌放在定子槽内，组成
三相绕组，每相绕组由多个线圈组成，按一

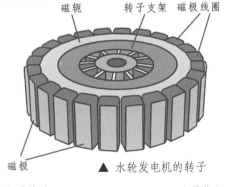

▲ 水轮发电机的转子

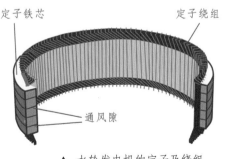

▲ 水轮发电机的定子及绕组

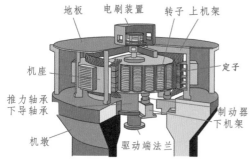

▲ 水力发电机整体结构示意图

▲ 立式水轮发电机组

▲ 卧式水轮发电机组

定规律排列嵌装。

把整个转子插在定子中间，在下机架中心体安装推力轴承与下导轴承，再把上机架安装到机座腿上，在上机架中心体安装上导轴承，铺好上层平台地板，装好电刷装置或励磁电机，水力发电机整机就组成了。

由于水力发电机组中的发电机基本是同步发电机，水轮机的转速直接对应了发电频率。水轮发电机按轴线位置可分为立式与卧式两类。大中型机组的转速比较低，一般布置多对磁极，由于磁极很多，体积庞大，故采用立式布置，卧式布置通常用于小型发电机组和贯流式机组。

水轮发电机组的发电机与水轮机连接在一根轴（刚性连接）运转，发电机转子、水轮机转轮重量和水推力都必须由轴上的推力轴承承担。立式发电机按推力轴承位置不同，分为悬式与伞式。推力轴承位于转子上方的水轮发电机称为悬式水轮发电机，推力轴承位于转子下方的水轮发电机称为伞式水轮发电机。

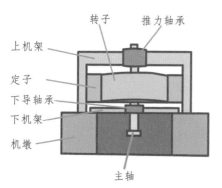

▲ 悬式水轮发电机

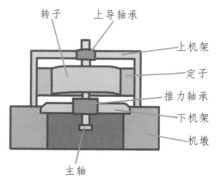

▲ 伞式水轮发电机

◎ 第三节 华丽变身的电水互化

　　水库大坝工程建好了，水力发电厂的厂房机组也都安装完成了，电力又是怎么生产出来的呢？下图展示了水力和电力完成华丽变身的全过程。

具有水头（势能）的水　　　　推动水力机械（水轮机）转
　　　　　　　　　　　　　　轮转动，将水能转换为机械能

接入发电机，将
机械能转变为电能

经过变压器
升压为高压电

供给工业或生活用电

在变电所转换为低压电

通过输电网传输

▲ 水力发电全过程

　　水力发电就是以河流水流的落差和流量来积蓄势能和动能推动水轮机带动发电机发出电能的。在一条河流上选择一个适当的部位（地段）修建一座大坝，将它的上游筑成一个可供蓄水的水库，提高上游水位。然后，在水库的下方或下游修建水电站，将水库的水经引水钢管流入水电站的水轮机内冲动水轮机转动，由于水轮机轴与发电机轴是相互连接的，因此带动了发电机转子的旋转，旋转的转子通过能量变换的电磁装置发出强大的电能。发电机发出的电经由母线，通过低压断路器接至升压变压器，将发电机的电压升高到一定的高压，然后接入电网输电系统，由电网输电系统将电流输送到几十千米、几百千米甚至几千千米之外，再经过变压器降压输送到各用电部门和用户。这样，水与电的华丽变身就完成了。

第四章

『电火』行空——水电的输送

水电能源不仅是洁净、廉价、可再生的绿色环保能源，同时也是电力系统理想的调峰、调频、事故备用电源，对电网的安全稳定运行具有重要作用。通过电站之间的补偿和协调，水电能源系统的优化调度不仅能够为水电企业带来更大的经济效益，而且还能缓解电网丰枯、峰谷矛盾，提高电网的调峰、调频和事故备用等安全稳定运行能力，对所在区域的防洪、生态环境也能发挥积极的作用。

◎ 第一节 通天达地之输配电网

水电站通常建在水库大坝上，但是用电的地方可能距离很远，因此常常要把电能输送到远方，供不同的用户使用，这就是水电的输配过程。输电是指从发电厂或发电厂群向供电区输送大量电力，或不同电网之间互送大量电力。配电是指在供电区内，将电力通过配电线路分配给用户，供用户直接使用。

电力工业发展初期，电厂距离负荷中心较近，电能的输送以配电为主。之后，随着电力负荷的增加和大容量机组的投运产生了远距离输电的需求，输电技术随之发展起来。水电输配电的原理非常简单，用导线把电源和用电设备连接起来，就可以输送电能了，输配简单是电能的突出优点。

一、高压交流输配电

与多建在负荷中心的火电厂不同，水电站的位置取决于水利枢纽的位置，多建在远离负荷中心的山区，这就决定了水电厂，特别是大中型水

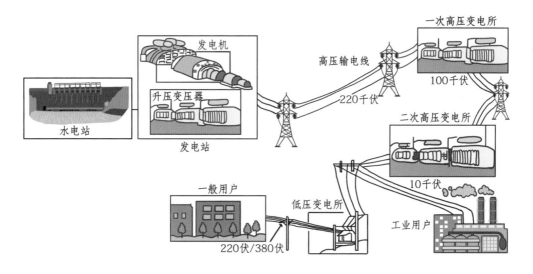

▲ 高压交流输配电过程示意图

电厂发出的电能必须经过长距离输电线路才能送至用电中心。

　　在相同的输电功率下，电压越高电流越小。而一般水电厂的发电机组输出的电压在 10 千伏左右，远距离传输过程中会因电流产生的热损耗而带来高昂的材料成本。为解决水电的远距离输送问题，人们提出了高压交流输配电的方式。

　　高压交流输配电在水电站内用升压变压器，升压到几百千伏后再向远距离输电。到达数百千米甚至数千千米之外的用电地区之后，先在"一次高压变电站"降到 100 千伏左右，在更接近用户的地点再由"二次变电站"降到 10 千伏左右，然后，一部分电能送往大量用电的工业用户，另一部分电能经过低压变电站降到 220 伏 /380 伏，送至其他一般用户。

　　输配电的历史是从 19 世纪后期，直流发电机低电压的直配线供电开始的，不久被交流输电方式取代。高压交流输电是指电压等级在 1 千伏及以上的交流输电技术。由于中国的水力资源是西边丰富而东边匮乏，因此需要把水电从西部水力资源丰富的区域输送到东部发达地区。数千公里的距离，必须要把水电提高到很高的电压才可以完成，因此中国 1000 千伏（直流正负 800 千伏及以上）的特高压输电技术发展迅速，目前已成为特高压输电技术领跑者。

知识拓展

直流电和交流电

美国发明家托马斯·爱迪生于 1879 年发明了白炽灯泡。开始用直流电将电输送给那些想使用灯泡来给家庭和工业设施照明的消费者。然而爱迪生时代的直流电传输技术，就像用漏水的管子运送水一样，导线对电流的阻抗使得一部分电能变成了热能，用户离发电机越远，他们得到的电能就越少。因此，在电器得到广泛应用的同时，用户也承担了高昂的电费。多数重要的水电厂都分布在远离大部分潜在用户的地方，更不适合供应直流电。

就在爱迪生热衷于推行直流电的时候，另一种发电和输电的方法被提了出来。这种方法使用的是交流电。不同于只沿导线的一个方向流动的直流电，交流电则会定期改变方向。交流电的支持者特斯拉提出了一种更复杂的配电方法，这种方法需要用到一种叫作变压器的装置。变压器可以改变交流电的电压。输电电压越高，损耗就越少。这项技术使水电厂和远处城里消费者之间的连接成为可能。特斯拉全名尼古拉·特斯拉，1856 年出生在克罗地亚，曾获得耶鲁大学及哥伦比亚大学名誉博士学位，是世界知名的发明家、物理学家、机械工程师和电机工程师。他一生的发明不计其数：发明交流电，并制造出世界上第一台交流电发电机，始创多相传电技术；为美国尼亚加拉发电站制造发电机组，该发电站至今仍是世界著名的水电站之一；使马可尼的无线传讯理论成为现实；发明无线电遥控技术并取得专利；发明 X 光摄影技术。

1886 年，特斯拉创建了自己的公司——特斯拉电灯与电气制造公司。随后，他的发明掀起了物理学电学发展史上的一场关于使用"交流电"还是使用"直流电"的激烈争论。从科学和实用的角度来看，交流电显然比直流电优越得多，因为它可以大幅度地降低供电的成本。在 1893 年芝加哥世界博览会开幕式上，特斯拉展示了交流电同时点亮 9 万盏灯泡的供电能力，此举震惊全场。特斯拉因此取得了尼亚加拉水电站电力设计的承办权。

▲ 特斯拉铜像

二、电网

电能从水电厂输送出来之后，并不会采用一个水电厂与一批用户的"一对一"供电方式，而是通过网状的输电线、变电站，将许多水电厂和广大用户连接起来，形成全国性或地区性的输电网络，这就是电网。

采用电网送电，是输电技术的重要发展。这样可以在一次能源产地使用大容量的发电机组，降低一次能源的运输成本，获得最大的经济效益。电网可以减小断电的风险，调剂不同地区工序的平衡，保障供电的质量。使用电网，可以根据火电、水电、核电的特点，合理地调度电力，这就使得电气化社会的主要能源——电力的供应更加可靠，质量更高。

电网是电力生产、流通和消费的系统，又称电力系统。具体地说，电网是由发电、供电（输电、变电、配电）、用电通信设施和电力调度自动化设施等所组成的整体。电能从发电厂制造出来后，通过变电升压，进入高压输电线路，再经过变电降压，配电给各个用户，其中高压输电的部分又称为主网、输电网，低压配电的部分又称为配电网。输电网与配电网的划分主要看网络两端所连设备的性质。

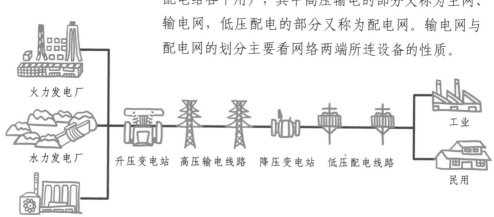

火力发电厂　水力发电厂　升压变电站　高压输电线路　降压变电站　低压配电线路　核能发电厂　工业　民用

▲ 电网供电示意图

知识拓展

水电与"西电东送"

在中国经济腾飞的过程中，曾有许多基础建设工程起到了十分关键的作用。其中在2000年启动的"西电东送"工程可谓改变了整个中国的电力供应状况。中国虽然地大物博，但是自然资源分布极其不平衡，煤炭资源大多集中在北部及西部，水力资源集中于西南部，但主要人口聚集区以及用电区却均位于东部。西北部以及西南部的发电厂，往往需要跨越数千公里的距离，翻越崇山峻岭以及大量河流湖泊才能把电送到东部，以中国20年前的技术水平来说，这是相当困难的。

因此，在2000年前后，中国还存在电力供应严重不足的情况，甚至广州、北京这些大城市都是如此，北京直到1999年才不用拉闸限电。为了解决全国性缺电问题，政府决定启动"西电东送"工程，通过搭建大量电网把西部的电力送往东部，这一工程使东部地区电力不足的历史从此改变。

"西电东送"是西部大开发中投资最大、工程量最大的标志性工程。2000年11月8日，贵州省洪家渡水电站、引子渡水电站、乌江渡水电站扩机工程同时开工建设，标志着"西电东送"工程全面启动。"西电东送"顾名思义，重点在"送"，要送就要有通道。"西电东送"从南到北，从西到东，形成了北、中、南三路送电通道。

一是将贵州乌江、云南澜沧江和广西、云南、贵州三省（自治区）交界处的南盘江、北盘江、红水河

93

的水电资源以及贵州、云南两省坑口火电厂的电能开发出来送往广东，形成"西电东送"南部通道；二是将三峡和金沙江干支流水电送往华东地区，形成中部"西电东送"通道；三是将黄河上游水电和山西、内蒙古坑口火电送往京津唐地区，形成北部"西电东送"通道。

而西电东送工程也离不开一项重要技术的支持，这就是闻名于世界的特高压输电技术。中国为攻克这项技术先后投入数千亿元才完成开发。在特高压输电技术的帮助下，"西电东送"工程才得以实现。这项技术使西部电厂可以经过特高压输电网直接向东部地区送电，同时还具备送电速度快、电力损耗小的特点，每年中国节省下来的电力，足够几个大城市几个月的用电需求。

1. 输电网

输电网是将众多电源点与供电点连接起来的主干网及不同电网之间互送电力的联网网架。输电网是电力的主要传输工具和电力的主要交换工具，凡大型电源节点和负荷节点都直接与输电网连接。因而输电网是关系电力系统安全、经济及优质运行的基础。

输电网常见的结构包括大电源向受端输电的电网、密集型电网、串联型系统、特大城市环网等。

（a）串联型电网　　（b）大电源向受端输电的电网　（c）特大城市环网　　（d）密集型电网

▲ 常见的输电网结构

2.配电网

配电网是指电力系统中直接与用户相连的网络。配电网由配电变电站、高压配电线（1千伏及以上电压）、配电变压器、低压配电线（1千伏以下电压）以及相应的控制保护设备组成。传统的输电网和配电网常常按电压等级来划分，将某一电压等级以上的网络称为输电网，该电压等级以下的网络称为配电网。如国际上通常将150千伏以上电网称为输电网，但是在发展中国家132千伏甚至60千伏电网也可能被称为输电网。配电网又可分为一次配电网、二次配电网、特殊配电网。

（1）一次配电网。从配电变电站到配电变压器间的电力网络称为一次配电网或高压配电网，电压为6～10千伏(有的国家如日本已经出现20千伏，我国河南、江苏等地区也在试行20千伏）。

（2）二次配电网。由配电变压器二次引出线至低压用户入户线间的网络称为二次配电网或低压配电网。电压为380伏、110伏或220伏。

（3）特殊配电网——电气化铁路交流牵引配电网。电气化铁路普遍采用单向电机车，其供电电网是由牵引变电站将从电力系统引来的三相电源变换为单相或两相交流系统，向上行及下行铁路供电。

高压配电网多采用架空线路。环型结构和网格型结构为高压电网普遍采用的结构型式，这些结构便于从多个方向受入电力，相互支援能力更强，可分为独立分区和互联分区两种模式，分区间保持合理联络和支援。中压配电网可采用架空线路，根据城市和电网规划，也可采用电缆。而低压配电网多为放射性的树状网络，特别是在中小水电供电网中最为常见。

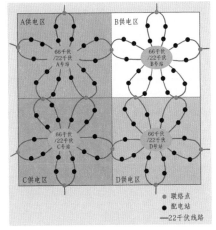

▲ 新加坡城市梅花状配电网

知识拓展

智能电网

智能电网是以物理电网为基础，将现代先进的传感测量技术、通信技术、信息技术、计算机技术和控制技术与物理电网高度集成而形成的新型电网。它以充分满足用户对电力的需求和优化资源配置，确保电力供应的安全性、可靠性和经济性，满足环保约束，保证电能质量，适应电力市场化发展等为目的，实现对用户可靠、经济、清洁、互动的电力供应和增值服务。

鼓励和促进用户参与自身运行和管理，是智能电网一大重要特征。通过统计用户的用电信息，供电公司可以从数据分析中了解一个区域内的用电规律，进而制定各个区域经济节能的发电和输配电的方案。此外，通过调节用户的用电时间，便可有效提高电网终端用电效率，削峰填谷，平滑电网负荷曲线，减轻电网负荷压力，减少资本开支和营运开支。用户亦可选择不同的方案来购买电能、选择用电。

智能家电、智能控制设备等智能终端，将在智能电网中占据很重要的地位。通过在手机上安装的用电App，就能远程遥控电热水器、空调、冰箱、电热水壶等电器，可以轻松实现在电价便宜的时候用电。供电公司通过收集、归类、对比分析用户的用电信息，根据用户用电的实际情况，为其量身定制用电方案。

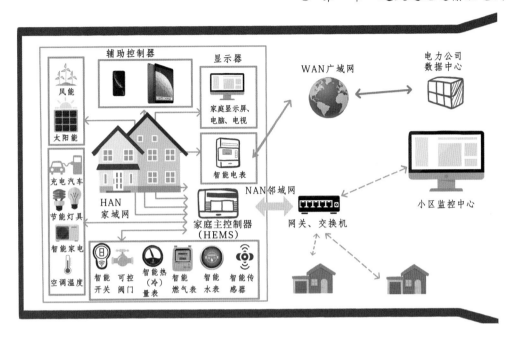

▲ 智能电网家庭用户示意图

　　智能电网将大幅缩短数据采集的时间，通过更新处理海量实时数据，从而有效进行故障预判和快速调整，大大提高电网的可靠性。通过高速刷新采集用户用电情况、输电网各种开关信号量、遥测信息（电压、电流、相位、相角、有功功率、无功功率、变压器油温等）实时信息，并使用分布式数据存储和大数据处理运算模型，实施存储计算，提高电力系统的响应效率。

　　通过大数据平台搭配云计算技术，技术人员可实时观察到全网范围内的电能流动状态、电能负载热区、设备故障高发区和客户集中区等数据，实现电网数据可视化、电网负载趋势预测、设备故障趋势预测以及电网的自我修复和调节。

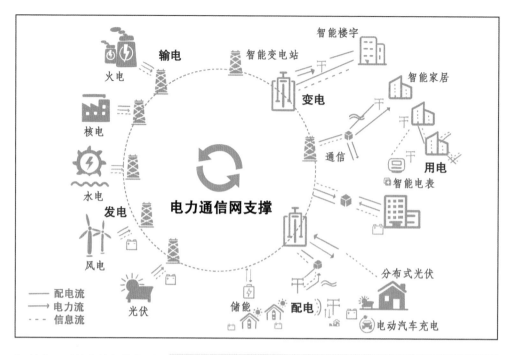

输电

智能楼宇

智能变电站

火电

变电

智能家居

核电

通信

水电

用电

发电

智能电表

风电

分布式光伏

—— 配电流

→ 电力流

---- 信息流

光伏

储能 配电 电动汽车充电

电力通信网支撑

▲ 从电厂到用户的智能电网
的示意图

　　智能电网会简化新能源发电入电网的过程，通过改进的互联标准将使各种各样的发电和储能系统容易接入。做到"无缝接入、即插即用"。从小到大各种不同容量的发电和储能设备，在所有的电压等级上都可以实现互联（包括光伏发电、风电、电池系统、即插式混合动力汽车和燃料电池等）。用户甚至可以安装自己的发电设备，实现自产自销。

　　无论是集中式的大容量储能电站，还是分布式的小容量储能电站，甚至小到电动汽车的储能电池，乃至太阳能路灯的储能电池等，都是智能电网中的各种储能形式。未来，用户都将拥有自己的发电和储能设施，在自给自足的同时，还可能倒送给电网以实现相互调剂。

◎ 第二节 以功补"缺"之水电调节

　　与以发电为主要任务的火电厂不同，水电厂特别是大中型水电厂，往往都是水利枢纽综合利用的一部分，肩负着防洪、供水、灌溉或航运的多重作用。水电站什么时候发电，发多少电，是担负系统基荷还是峰荷，不仅要根据电力系统的要求，还要由水电厂的发电调度的具体情况来决定。

　　电力系统主要由发电侧和用电侧组成。发电侧有水力发电、火力发电、核能发电，以及太阳能、风力等新能源发电，用电侧主要是工厂、企业、商场、家庭等。还有一部分设施，既可以用电也可以发电，就是储能电站。发电侧和用电侧不一定是平衡的，工厂、企业等负荷一般是白天用电多、晚上少，家庭负荷一般是白天用电少、晚上多，但总体说来，白天是用电高峰，晚上是用电低谷。而火力发电、核能发电一般都是大型发电机组，设备一旦开动就不能随便停下来，太阳能、风力等新能源是根据环境和气候来发电的，发电不稳定，随时都有变化。因此，需要在负荷高峰的时候，增加发电机出力；在负荷低谷的时候，减少发电机出力，甚至停掉某些机组。电力系统中有些发电机是专门用来进行调峰的，称为调峰机组。

▲ 发电侧要根据用电侧的用电情况调整发电

知识拓展

基荷与峰荷

因为电不能够大量储存，所以电力生产必须和需求同步。电力需求是波动的，供求匹配是个技术难题。在现代市场上，每几秒钟就要监测一次需求，当它发生波动时，供应就得随之作出调节。但一天中某个时刻的用电需求只能大概地预测。比方说，发电商知道天热时人们会开空调（空调属于高耗能设备）。此时，用电需求会猛增。但他们不能预测哪些天会很热。除了不能预测的那部分电力需求波动，还有许多需求方面的波动是可以预测的。例如白天用电量大，晚上用电量小；在一天当中，下午3点的用电需求高过上午9点；周一到周五的用电需求比周六、周日高；夏天的用电需求比春天高等。在这些需求波动之下，是一个能可靠预测、必须时时满足的最低电力需求。比如医院用电就比较稳定、有规律，一些生产企业也一样。需要用来满足这些最低电力需求总和的供电量，叫作基荷。基荷电站就是负责这部分电力供应的电站。基荷电站是那些基本上能够在较长时间里稳定供电的电站。通常只在维护和修理的时候才会关闭。用来满足基荷需求以上波动部分的电量称为峰荷。

在水力资源相对丰富的国家，例如美国，国家的基荷电力曾经大部分是由水电站提供的。现在，部分基荷电力依然由一些水电站在承担着，但更大部分的基荷电力已经改由燃煤电站和核电站来提供。燃煤电站和核电站都是大型电力生产者，而且它们在长时间相对稳定地输出电力的情况下工作状态最好。相反，水电站更加灵活，可以根据需求水平的波动作出相应的调节。只要坝后有水，就随时可以开动。它们的电力输出在数秒的时间里就可以升上去或者降下来，因为电站的操作人员只要打开或者关上一道闸门，就能增加或者减少电力生产。

那什么样的水电站适合承担基荷或者峰荷呢？

对于无调节和日调节的水电站，它的发电功率完全取决于河流径流情况，可通过可靠的短期水文预报获得未来一日的水量，这样的水电站适合在电力系统中承担基荷。

对于年调节和多年调节的水电站而言，在丰水期和枯水期是不同的。在丰水季节，天然流量大，为了充分利用水电站的装机容量，发挥水电站和火电厂的特点，可让水电站担负峰荷，而让火电厂担负基荷。

有时，根据水库综合利用的要求（如满足工业用水需要），要求水库均匀地、流量较小地放水。此时，可让水电站部分机组经常担负基荷，使这一部分基荷发电容量的放水量满足下游用水需求。

在条件允许时，为了充分利用水电站的装机容量，还可在水电站下游修建反调节水库。它的作用是将水电站放下来的水经过调节，在一昼夜之间均匀地放至下游地区，满足下游用水的需要。有了反调节水库以后，便可让水电站担负峰荷，而不必按下游用水要求放水放电，从而解决了用水要求和发电要求的矛盾。

知识拓展

电力系统有哪些调峰方式？

根据电力系统要求，调峰设置应该在负荷低谷时能消纳电网多余的电能，在负荷高峰时能增加电能供应，设施应该具备灵活、启动快等特点，目前可供电力系统调峰的电源有以下几种：

（1）抽水蓄能机组调峰。抽水蓄能水电站有上下两个水库，利用上下水库落差进行水能发电。在电力负荷低谷时抽水至上游水库，在电力负荷高峰期再放水至下游水库发电。它可将电网负荷低谷时的多余电能，转变为电网高峰时期的高价值电能。抽水蓄能水电站的优点是技术成熟可靠，容量很大，设备投资不大，效率通常为 70%～85%；缺点是选址比较困难，占地面积大。

（2）发电机组调峰。包括燃煤火电机组和燃气汽轮机组，机组负荷特性可调，在负荷高峰时提高输出功率，在负荷低谷时降低输出功率。发电机组调峰的优点是占地面积小，初期投资少，效率高；缺点是火力发电厂响应较慢，从锅炉起炉到汽轮机并网发电时间较长，负荷低谷时不能消纳电网电量。

（3）储能电站调峰。由发电企业、售电企业、电力用户、电储能企业等投资建设的电储能设施。可以在发电侧建设，作为独立主体参与辅助服务市场交易；或者在用户侧建设，就近向电力用户出售，作为独立市场主体，深度调峰。储能电站调峰占地面积少，削峰填谷效果明显，反应时间快；缺点是前期投资大，蓄电池寿命短。

无论是承担基荷还是峰荷，水电站都要处理好水库蓄泄问题或者处理好来水与发电调度的关系。

对于无调节和日调节的水电站，它的发电功率完全取决于河流径流情况，可通过可靠的短期水文预报获得未来一日的水量，而对于年调节和多年调节的水电站而言，情况就比较复杂。例如，年调节水电站在供水期为了多发电而盲目加大出力，结果可能在供水期结束之前水库就提前放空，这样就使水电站汛前一段时间在天然来水很枯的情况下运行，不能满足保证出力的要求，造成正常供电的破坏。相反，如果为避免发生上述情况，在供水期不敢放水，结果后期来水较丰，以致在洪水到来时水库还未放空而很快被蓄满，被迫造成大量弃水，使水资源未能充分利用。

▲ 根据水文数据分析充分发挥水库蓄泄调节性能、提高发电效益

为了避免或减少上述问题的发生，在水库入流无长期预报的情况下，可利用历史的径流统计资料，拟定出年内各时刻的库水位（或蓄水量）来决策水库的蓄泄过程，以确保设计范围内的正常供电（水）和减少丰水期的无益弃水。同时，拟定出不同情况下的调度规则，使其较好地满足各方面的要求，获得较大的综合效益。

水电厂的发电调度主要是在满足电力系统要求、防洪安全及其他综合利用各种约束条件下，根据水文预报成果，按照水库调度实际需要，采用联合调度方法挖掘水电站经济运行的潜力，完成水电站联合发电调度计划的编制，合理地利用水电站水库水量与水头，充分发挥水库补偿调节性能，提高发电效益。

知识拓展

水电厂在电力系统中的作用是什么？

在电力系统中，发电厂一般有火电厂、水电厂和核电厂等几类。在水力资源贫乏地区，火电厂所占比例较大；而在水力资源丰富且开发程度较高的地区，水电厂则占有较大的比例。

水电厂在电力系统的主要作用有以下几个方面：

(1) 提供电能。向电力系统提供电能是水电厂的主要任务。

(2) 调峰。水电厂水轮发电机组能够在几分钟内迅速启、停，所以当电力系统负荷突然变化时，多由水电厂担负调峰任务。

(3) 调频。由于水轮发电机组增减负荷操作较汽轮发电机组容易，当电力系统负荷的不断变化引起电网的频率发生较大的波动时，为保证电网频率的稳定（中国为 50 赫兹），经常由水电厂通过增减负荷来满足电力系统的调频要求。

(4) 调相。水轮发电机组的运行方式转换迅速、灵活，在电力系统需要无功功率时，可以快速由发电转为调相运行方式，向系统输送无功功率。

(5) 事故备用。由于水轮发电机组具有能够迅速启动投入并网发电的特点，当电力系统突然发生事故时，急需补充电量，常把水电厂的机组作为事故备用机组。

(6) 蓄能。由于抽水蓄能水电厂具有在用电低谷时抽水蓄能备用的功能，可以把用电低谷时电网多余的电能以水势能的形式储存起来，在用电高峰时由抽水蓄能电厂发电满足负荷需要。

◎ 第三节　配套成龙之梯级联调

随着河流水电资源的开发，世界上许多流域已经或即将形成由一连串水库水电站组成的流域梯级水电站群，流域梯级水电站间具有紧密的水力联系和电力联系，各水电站发电效益受上下游水电站的影响较大。下游水电站的调度用水及发电水头直接受上游水电站的制约，同时下游水电站的回水又直接影响上游水电站的发电水头。

若各梯级水电站单独运行，不从全流域整体考虑，容易造成顾此失彼，使梯级整体水能利用效率较低，易导致水库无益弃水，造成大量弃水电量。联合调度从流域整体水能利用率最大化角度出发，不仅可以充分发挥龙头水库的调节作用，而且可以通过梯级水库之间的补偿调节，合理确定梯级水库蓄放水次序，使流域水量、水头得到充分利用，提高河流水资源的利用效率。

梯级水电联合调度是以提高梯级水电站整体效益为目标，将河流上各梯级水电站联系起来，统一协调安排各水电站的蓄、泄水时机，进行统筹调度的方式。实施梯级水电联合调度，需确定影响各水电站调度决策的因素及其变化规律。比如，各水电站发电流量（出力）是影响梯级水电联合调度的重要参考因素之一。确定各水电站发电流量（出力）值又要参考各个时段水库水位、入库流量、时间等实时数值及其之间的逻辑关系。梯级水电调度的基本要求是合理拟定各水库泄洪次序，充分利用水头

小贴士

什么是梯级水电站？

一条河流自上而下分段开发修建的一系列水电站总称为梯级水电站。其形式取决于各河段的具体条件，可用坝式、引水式或混合式。各梯级水电站利用的河段落差应尽可能上下衔接，以充分利用河流的水能资源。梯级水电站的运行方式取决于它们的形式、水库调节性能和综合利用的需要，应统一调度，以综合效益最大化和尽可能满足各方面要求为目标。在规划设计时应重视其对河流生态的影响。

和减少弃水，协调和妥善处理水电站运行可靠性与经济性之间的矛盾。

近年来，随着长江上游金沙江上的溪洛渡、向家坝两座大型水电站全部机组的投产发电，加之长江中游三峡、葛洲坝这两座已建成的水利枢纽，长江流域这4座梯级水电站，协调发挥着巨大的防洪、通航、补水、发电等综合效益。如在每年汛期，通过优化梯级水电站的蓄水和消落次序，采取水位动态控制、重复利用库容、中小洪水调度等措施，可以起到腾出库容、拦蓄洪水、增加发电量的效果。

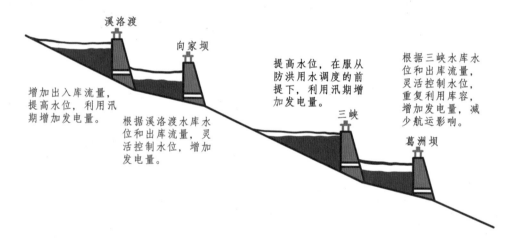

溪洛渡

向家坝

增加出入库流量，提高水位，利用汛期增加发电量。

根据溪洛渡水库水位和出库流量，灵活控制水位，增加发电量。

提高水位，在服从防洪用水调度的前提下，利用汛期增加发电量。

三峡

葛洲坝

根据三峡水库水位和出库流量，灵活控制水位，重复利用库容，增加发电量，减少航运影响。

▲ 长江流域4座梯级水电站联合调度

第五章

不负山河——水力发电新技术及应用

水力资源是一种清洁、无污染、可靠、能长久使用的可再生能源，特别是在绿色发展、低碳经济、节能减排成为全球趋势的今天，水力发电将继续起到不可或缺的作用。

◎ 第一节 水力发电与可持续发展

提高能源效率和发展可再生能源已成为全球能源发展的核心。许多国家已将发展可再生能源列入国家能源发展战略，其主要原因与化石能源带来的污染问题有关。化石能源消耗带来的碳排放问题，已经在国际社会引起重视。

碳排放对地球和人类的影响往往是连锁性的。随着工业的发展，大气中二氧化碳浓度持续上升，直接导致全球变暖，还会给空气和海洋提供能量动能，导致超大型台风、飓风、海啸等灾难频繁出现。同时，气温升高会加大陆地水分的蒸发量，造成干旱，导致粮食减产，对渔牧农桑都会造成影响。海水吸收了大气中含量上升的二氧化碳，会导致酸化，破坏海洋生物平衡，大量微生物死亡，造成海洋生物链层断裂，间接影响整个海洋生态。最不能忽视的是，气温升高也会给人类生理造成影响，促使人类患上病症的风险越来越高。由此可见，减碳工作十分重要，实行"双碳计划"有着重要的意义。

中国于2013年发布《大气污染防治行动计划》，投入了前所未有的力度进行能源改革，开始大量使用天然气等清洁化石能源代替煤来发电。但是"煤改气"政策一定程度上也加剧了中国的能源贫困问题。首先，天然气价格高，增加了发电成本。其次，中国存续着大量的燃煤发电厂，煤炭遭到限制，会导致电力供应不足。因此，减碳工作也需要循序渐进地进行。

与天然气等不可再生能源不同，水力资源在发电过程中不排放污染物，还能对用电负荷需求的变化做出快速反应。此外，水力发电设备费用相对低廉，并且很多水电工程在发电的同时，兼具防洪、蓄水、灌溉、航运的作用，其发展优势不一而足。在世界各国追求绿色发展、低碳经济、节能减排的今天，水电更是成为社会可持续发展的重要能源。为了经济社会可持续发展考虑，中国持续加大对水电项目的投入和改进，慢慢降低对煤电的使用。

▲ 化石能源带来的碳排放会给地球和人类带来各种问题

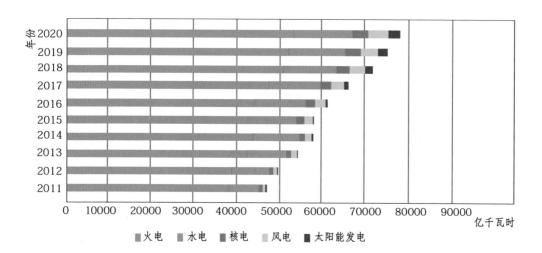

▲ 2011—2020 年我国发电量结构示意图

2011—2020 年 10 年间，中国煤电发电占比下降超 15%，水力发电比例逐步提高。2020 年，中国全社会用电量增长 3.1%，水电发电量稳定增长了 4.1%。同时，中国水电企业还把国内积累的经验带到国外，促进了当地的电力发展。可以说，中国的水电，不但造福了整个中国，也让全世界人民都感受到了实实在在的好处。

在享受水电带来的好处的同时，我们也应该认识到，水力发电也可能会给开发地的生态环境和社会发展带来一些影响。不过，随着水电站建设技术、机电技术、大坝安全保障技术、水力发电生态保护技术的创新及应用，水力发电正在实践中用技术进步不断缓解其对环境和人类的不利影响，充分发挥其优质清洁能源的积极作用，为可持续发展不断贡献力量。

◎ 第二节　水力发电的筑坝和机电新技术

一、混凝土大坝智能温控技术

混凝土是大坝修筑最重要的材料之一，具有材料来源广、可塑性强、耐久性好、强度高、防水抗渗等优点。然而混凝土同时具有一个很大的缺点，在其搅拌、浇筑完成后的硬化过程中非常脆弱，很容易出现裂缝，因此也有"无坝不裂"的说法。混凝土大坝一旦出现裂缝，除了外观难看之外，还会影响大坝的结构承载力和防水功能，严重的还会引起溃坝事故。

混凝土大坝产生裂缝的原因很多，其中最重要的原因是温度。在热胀冷缩的作用下，材料表面收缩程度大，而内部收缩程度小。由于混凝土表面散热比内部快，内部温度比表面更高，在内外温差作用下产生了温度应力，从而导致了混凝土开裂。

中国的水电资源多集中在西南的高海拔地区，年际温差和日内温差都非常大，常伴有暴风雪等恶劣天气，混凝土温控问题非常棘手。中国水利工程师们在实践中找到了办法，有效地解决了大坝裂缝的大难题，利用的就是混凝土大坝的智能温控技术。以位于金沙江下游的中国第二大水电站白鹤滩水电站为例，从 2017 年 4 月开始浇筑至今，白鹤滩大坝没有出现一条温度裂缝。白鹤滩水电站解决了混凝土建筑温控防裂的世界级难题，可以说是创造了工程史上的奇迹。这一

▲ 中国第二大水电站——白鹤滩水电站

创举，中国的水利工程师究竟是怎么做到的呢？

在混凝土大坝浇筑之前，工程师们就预埋好冷却水管，硬化过程中给水管中注入冷水，吸收水泥水化反应产生的热量，从而给大坝降温。通过调节注入冷水的温度、流量和时间，可以控制大坝内部冷却的速率，进而控制大坝内部的温度差，防止较大的温度应力导致混凝土开裂。其原理类似于冰箱通过制冷剂吸收冰箱内物体热量的原理，以达到降温效果。

给大坝"装冰箱"要面临很多具体的技术问题。比如：怎么才能探测大坝各部分的温度，如何确定给大坝不同部分通水的水温、流量和时间，以达到预期的温控目标等。随着科技的发展，中国的水利工程科研人员自主研发出了一套智能通水系统，可实现对大坝"冰箱"的实时监测和自动控制。智能通水系统相当于给大坝安装了一个"智能冰箱"，

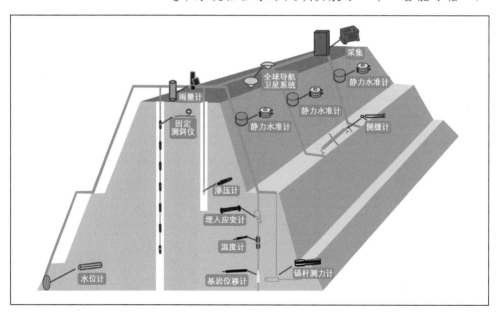

▲ 大坝自动化监测示意图

通过数字温度传感器和智能控制系统，它不仅可以自动探知"冰箱"内不同部位的温度，还能够根据温度实时调节"冰箱"档位，从而改变了之前被动地根据人工观测的温度再进行温度档位调节的做法，它还可以根据不同的要求给"冰箱"的不同部位设定个性化的制冷档位。

白鹤滩水电站大坝规模巨大，坝基地质条件复杂，坝体结构不对称，再加上持续的干热、大风天气，混凝土温控防裂技术难度极大。控制温度成为保障工程质量的重要环节。白鹤滩水电站大坝中埋藏近6000支温度计，80000米的测温光纤，及近千只大坝变形、渗流渗压等监测仪器。它们就像遍布大坝全身的神经末梢，用于感知混凝土温度、环境温度等信息，监控大坝内部的应力、应变、渗流等情况，并将关键信息反馈给大坝的神经中枢——智能建造信息管理平台。平台及时将收集到的参数进行实时分析判断，并将分析结果实时推送给现场管理人员，帮助管理人员及时掌握现场情况，采取适当措施保证任何异常情况能在第一时间得到妥善处理。

采用智能温控技术后，工程师们可以实时采集温度数据，采集频率为两秒一次。根据大坝各浇筑仓不同的热学和力学参数，对不同浇筑仓设定不同的温度设计曲线（即"温度控制准则"）。根据混凝土的温度变化，系统每2小时自动对通水流量进行

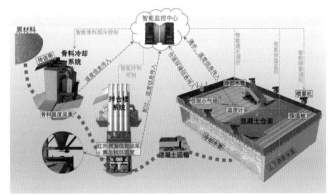

▲ 智能建造信息管理平台精确反馈大坝各部分的温度信息

调整，有效地减少了人工成本并避免了人工干扰。

实践证明，相比于传统的人工通水方法，中国的智能温控系统给大坝装上了性能良好的"智能冰箱"，不仅数据采集可靠，而且可以实时、自动并精确地调整对大坝各部分混凝土的温度控制，大大降低了人工成本和通水成本，有效地防止了温度裂缝的产生。

二、百万千瓦水力发电机组制造技术

除了拥有上述可以进行智能控温的大坝之外，白鹤滩水电站的单机容量也是世界上最大的。白鹤滩水电站共有16台中高水头（额定水头超过200米）的混流式水轮发电机组，单机容量达100万千瓦，是世界上仅有的百万千瓦水轮发电机组，只有中国能够制造。单台百万水电机组就有50多米高、8000多吨重，一台机组就相当于一座埃菲尔铁塔的重量。这样的机组一字排开，场面之壮观犹如科幻电影场景。

水电站的关键在于能量转化。百万千瓦机组，是世界水电的"无人区"。机组"变大"后，研发设计的难度系数指数倍增加。在百万机组的技术攻关清单中，水轮机设计居于首位。这种单机额定容量100万千瓦水轮发电机组投产后，每转一圈可发电150千瓦时，每分钟可转动111圈，则

▲ 白鹤滩水电站百万千瓦
水轮发电机组

每分钟的发电量为 16650 千瓦时，每小时发电量为 999000 千瓦时，每天发电量为 23976000 千瓦时。16 台机组全部投产后，一天满发电量可满足 50 万人用一年。可以说在水能转化方面做到了极致，几乎每一滴水都"为我所用"。

转轮是水轮机最核心的部件，也是机组中研发难度最大、制造难题最多的关键部件之一。和其他机组相比，白鹤滩百万机组水头高，最高落差达 243.1 米，容量大，对机组的稳定性提出了更大挑战。为了提高水轮机的稳定性，白鹤滩水电站在右岸机组上采用了长短叶片的创意。常规的转轮都是 15 个叶片，但白鹤滩水电站右岸机组的转轮结构由 15 个长叶片、15 个短叶片组成，一共是 30 个叶片。和常规叶片相比，长短叶片由于叶片总面积的增加，做功面积增加，整体效率更高，最高效率达到了 96.7%。此外，叶片进口适应来流的能力增强，经过转轮的水流更平稳，转轮出口流速分布更合理，水轮机稳定性更好。百万机组的难度系数成倍增加，指的是其综合技术难度系数，单机容量仅仅是一个最直观的指标，在它的背后，需要把所有性能指标全部优化提升，最终成为"全能冠军"。

▲ 白鹤滩水电站右岸机组采用的长短叶片

◎ 第三节 水力发电的生态保护技术

水力发电工程对生态环境的影响越来越受到重视。近年来，在水库生态调度、大坝分层取水、珍稀鱼类保护等方面研究并采取了一系列有效的技术措施，取得了较好的成效。

一、水库生态调度技术

鱼类是水生生态系统中的顶级群落。水库建成后，库区内适应激流的鱼类会显著减少，偏好静水的鱼类数量将大幅增加。且鱼类的生长繁殖需要一定的水温条件，如青鱼、草鱼、鲢鱼、鳙鱼"四大家鱼"在水温低于18℃时便难以性成熟，由于水电站底层取水导致的过低的水温也会降低鱼类的新陈代谢能力。除了对流速、温度的要求，鱼类的产卵繁殖还需要涨水信号的刺激。而水库对径流的调节作用会让天然洪峰明显放缓、峰值减小，进而导致

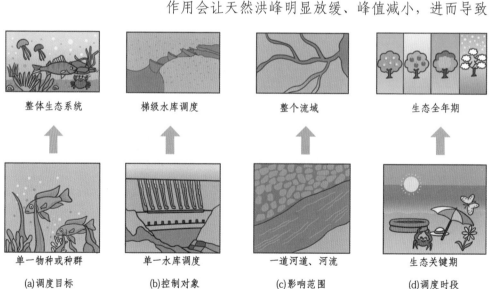

整体生态系统	梯级水库调度	整个流域	生态全年期
单一物种或种群	单一水库调度	一道河道、河流	生态关键期
(a)调度目标	(b)控制对象	(c)影响范围	(d)调度时段

▲ 水库生态调度效果已得到大幅提升

鱼类的产卵量减少。

水库生态调度是一种降低大坝建设运行对河流生态系统负面影响的措施。通过持续增加下泄流量，制造人造洪峰，人工创造适合鱼类繁殖所需的水文、水力学条件，来达到对生态环境的保护。现在的水库生态调度的理论研究和实践应用，已经取得了丰富成果和长足进步。水库生态调度目标已经从单一物种或种群发展到整体生态系统，生态调度控制对象由单一水库调度，发展到梯级水库群联合调度；生态调度影响范围由一段河道、河流，发展到覆盖整个流域；生态调度时段由针对目标保护物种的生态关键期发展到全年期，甚至考虑预报因素的中长期调度。

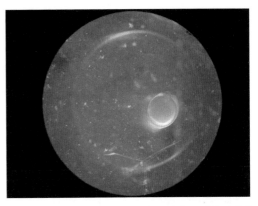

▲ 三峡水库生态调度期间采集的鱼卵

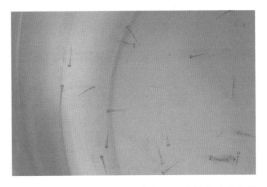

▲ 三峡水库生态调度期间鱼卵培养成的鱼苗

中国的三峡水库每年都在"四大家鱼"的繁殖时节展开生态调度。以 2015 年的生态调度为例，当年 6 月 8—9 日三峡下泄流量分别增加了 7500 米³/ 秒与 13100 米³/ 秒。6 月 8 日即发现餐条、鳊、银鮊、鳅类等鱼类产卵，产卵密度达到 230 粒 / 千立方米；6 月 9 日凌晨，"四大家鱼"和铜鱼、鳡等鱼类大量产卵，最大产卵密度超过 1200 粒 / 千立方米。根据监测数据推算，此次生态调度期间鱼类繁殖总量超过 15 亿尾，其中"四大家鱼"繁殖量超过 3 亿尾（2000 年以来宜昌江段"四大家鱼"年均繁殖规模为 2 亿尾），对鱼类资源的保护作用明显。

▲ 溪洛渡大坝左岸叠梁门
　分层取水口

二、大坝分层取水技术

大型水库的水体相对平静，往往会产生水温分层现象。而水电站多自底层取水，导致春夏季节下泄水水温较天然水温为低。较低的水温对鱼类的生长繁殖和新陈代谢能力会产生一定的影响。例如丹江口水利枢纽兴建后，下泄的低温水使得下游江段鱼类的繁殖时间推后了20天左右，且出生幼鱼生长速度缓慢。此外，低温水对农作物的生长也有不利影响。

20世纪60年代，中国在借鉴美国、日本等国的多层式、竖井式取水口等型式的基础上，为解决水库下泄低温水问题修建了一些分层取水建筑。分层取水能让下泄水温平均升高5.7℃，与天然水温的最大降幅相比，由原先的15.3℃缩小至6.0℃。21世纪以来，在200米、300米级特高坝建设中，进一步发展和提出了以叠梁门为代表的分层取水布置技术，解决了高坝大库分层取水进水口的水温控制及安全运行等难题，并已在锦屏一级、溪洛渡、糯扎渡、光照等大型水电站中成功运用。其中，锦屏一级坝高305米，水电站运行水位变幅达80米，单机引水流量为350米^3/秒，分层取水设施的运行水头、流量等规模居世界前列。

三、生态系统保护技术

水库大坝的建设阻隔了鱼类的洄游，影响了种群的遗传多样性，也会对鱼类造成不利影响。为了帮助鱼类翻过大坝，近年来大量水利水电项目均开展了鱼道、鱼闸、升鱼机、集运鱼系统等鱼类保护措施建设。对于珍稀、濒危以及受水利水电工程严重威胁的鱼类而言，自然繁殖有可能不足以维持种群数量。这时就需要建立增殖放流站来人工繁殖。如美国的国家鱼类保育系统，由70个国家鱼类孵化场、一个历史国家鱼类孵化场、6个鱼类健康中心、7个鱼类技术中心和水生动物药物批准伙伴计划组成，人工繁殖鲑鱼、鳟鱼以及其他多种珍稀鱼类，除保护外也补充了渔业资源。中国葛洲坝水利枢纽自1984年开展中华鲟增殖放流活动以来，已持续了近40年，放流中华鲟超过700万尾。此外，在金沙江、雅砻江、大渡河、澜沧江等流域的开发过程中均设置了多处增殖放流站，如大渡河黑马鱼类增殖放流站一期工程设计放流规模55.5万尾/年，2010—2015年，累计放流355万尾鱼苗；二期工程于2017年年初投运，总占地面积达到50余亩，拥有6栋循环水养殖车间，配套室外亲鱼及鱼苗培育池70余口，同时建有生态水池、野化训练池及仿生实验通道，设计放流规模达41.8万尾/年。2020年年底，位于宜昌的长江珍稀鱼类保护中心建成并投入使用，该中心中华鲟人工养殖规模突破1万尾，成熟和接近成熟的中华鲟超过1000尾。即使这些鱼类在野外灭绝，也能在人工环境下保留一部分种群，以待环境恢复后再返自然。

另外，为了满足水利水电工程下游生态需水要求，目前设计的所有水利水电工程都专门设置了生态放水孔洞，以保障工程从施工到运行全过程能泄放下游生态流量。

▲ 长江珍稀鱼类保护中心

参考文献

[1] TREVOR TURPIN. Dam [M].London：Reaktion Books Ltd,2008.

[2] Cynthia Phillips,Shana Priwer. Dams and Waterways[M].New York M.E. Sharpe,2009.

[3] Jeff Caldwell. Hydropower: Renewable Energy Essentials[M]. New York Larsen & Keller Education,2019.

[4] Hossein Samadi-Boroujeni. Hydropower: Practice and Application[M]. Croatia: InTech,2012.

[5] Ryan Nagelhout. How Do Dams Work? [M]. New York：The Rosen Publishing Group,Inc,2016.

[6] Andrew Solway. Water Power[M]. Milwaukee：Gareth Stevens Pubilishing,2008.

[7] Steve Parker. Water Power-Science Files Series[M]. Milwaukee：Gareth Stevens Pubilishing,2004.

[8] Paul Breeze. Hydropower[M]. India：Joe Hayton,2018.

[9] Josepha Sherman. Hydroelectric Power[M]. MN: Capstone Press,2018.

[10] Louise Spilsbury. Dams and Hydropower[M]. New York：Rosen Central,2012.

[11] Matt Doeden. Finding Out about Hydropower[M]. Australia：Lerner Publishing Group,Inc,2015.

[12] 陈宗舜 . 大坝·河流 [M]. 北京：化学工业出版社，2009.

[13] [日]加古里子 . 大坝建成了 [M]. 王伦，译 . 北京：北京科学技术出版社，2014.

[14] 中国水力发电工程学会，李浩钧 . 水电站建筑物 [M]. 北京：水利电力出版社,1986.

[15] 中国水力发电工程学会，朱成章 . 水力发电过去现在与将来 [M]. 北京：水利电力出版社,1986.

[16] 四川省电力公司,四川省电机工程学会.水力发电 [M].北京:中国电力出版社,2001.

[17] 中国电机工程学会.电力科普知识 [M].北京:中国电力出版社,1995.

[18] 四川省电力公司,四川省电机工程学会.电力环境保护 [M].北京:中国电力出版社,2001.

[19] 赵纯厚,朱振宏,周端庄.世界江河与大坝 [M].北京:中国水利水电出版社,2000.

[20] 季昌化.长江三峡工程 [M].北京:长江出版社,2007.

[21] 潘家铮,何璟.中国大坝 50 年 [M].北京:中国水利水电出版社,2000.

[22] 贾金生.中国大坝建设 60 年 [M].北京:中国水利水电出版社,2013.

[23] 朱新玲,吴光文.水利水电科普知识读本 [M].南宁:广西民族出版社,2003.

[24] 《面向 21 世纪电力科普知识读本》编写组.面向 21 世纪电力科普知识读本 [M].北京:中国电力出版社,2002.

[25] 中国长江三峡集团有限公司.中国三峡集团环境保护年报 2009—2020 各期 [R].北京:中国长江三峡集团有限公司,2009—2020.

[26] 罗军川.能源那些事 上 [M].重庆:重庆大学出版社,2016.

[27] 罗军川.能源那些事 下 [M].重庆:重庆大学出版社,2017.

[28] 娄学萃,路宝珍.水力 [M].北京:能源出版社,1984.

[29] 孙志禹,胡连兴.清洁能源蓝皮书——国际清洁能源产业发展报告 (2018)[M].北京:世界知识出版社,2018.

[30] 全球能源互联网发展合作组织.中国"十四五"电力发展规划研究 [R].2020.

[31] BP.BP Statistical Review of World Energy 2018—2020[R]. London, June, 2018-2020.

[32] The International Journal on Hydropower &Dams: Word Atlas &Industry Guide [EB/OL]. (2018-12) [2021-03-27]. https://www. hydropower-dams.com/industryguide/.

[33] 国资小新:我国水电建设目前在世界上到底啥水平?(干货篇)[EB/OL].

(2020-09-01 18:53) [2021-03-27]. https://zhuanlan.zhihu.com/p/210289136.

[34] 鹏芃科艺：水电站、水轮机 [EB/OL]. (2018-12) [2021-03-27]. https://www.pengky.cn/zindex01.html

[35] 废墟中的幻境：吞吐洪水的地表之眼——大坝孔 [EB/OL]. (2016-11-05 10:06) [2021-03-27]. https://mp.weixin.qq.com/s/MLIGXYsuqwoVbAvH3C1VSg l

[36] 小水电.水电站大坝之——重力坝（多图） [EB/OL]. (2016-11-16 21:04) [2021-03-27]. https://mp.weixin.qq.com/s/n38DLTvC0C6w2hR0xEx0Ug

[37] 小水电.水电站大坝之——拱坝（多图）[EB/OL]. （2016-11-21 19:31） [2021-03-27]. https://mp.weixin.qq.com/s/1sHGcloBJsbr8ShVpGcajg

[38] 一个男人在流浪.水坝是如何影响长江生态系统生态多样性的？ [EB/OL]. （2018-05-24 04:45） [2021-03-27]. https://www.zhihu.com/question/21855491

[39] 严同.随笔之十六——配网接线方式 [EB/OL]. （2018-09-17 10:52） [2021-03-27]. https://zhuanlan.zhihu.com/p/19947428

[40] 严同.随笔之二——电力系统规划设计 [EB/OL]. （2018-09-17 10:44） [2021-03-27]. https://zhuanlan.zhihu.com/p/19956626

[41] 乐点要闻.20年前启动，总投资5000多亿！西电东送工程，改变了整个中国 [EB/OL]. （2022-02-07 16:09） [2021-03-27]. https://www.sohu.com/a/521118183_121290914

[42] 昆明院、党委宣传部、科技质量部，红石岩堰塞湖整治工程项目部.云南昭通：世界首座堰塞坝综合水利枢纽工程首台机组正式发电. [EB/OL].(2022-06-28 22:56)[2021-03-27].https://www.sohu.com/a/404604111_697340?_f=index_pagefocus_3

[43] 黄克瑶，杜健伟.四大关键词了解白鹤滩水电站百万千瓦机组 [EB/OL]. （2020-06-28 22:56[2021-03-27].https://www.ctg.com.cn/ztxw/baihetan2021/jj36/jjtplb/1178358/index.html

◆ 参考文献

[44] Jack Lu.s 三峡大坝为什么不设计成弧形 [EB/OL].(2020-08-07 13:58) [2021-03-27].https://www.zhihu.com/question/403154612/answer/1299505715

[45] 煜龙集团. 未来海洋能量能得到充分利用吗? 以什么方式实现? [EB/OL].(2017-10-28 11:39) [2021-03-27].https://www.sohu.com/a/200600208_100036292